"广西职业教育计算机平面设计专业群发展研究基地"成果

平面设计与应用教程

谈志勇　谢　端　包之明　◎主编

电子工业出版社

Publishing House of Electronics Industry

北京·BEIJING

内 容 简 介

本书是平面设计综合实训教材，为校企合作开发的新型工作页教材，部分案例来源于企业真实项目。本教材以平面设计为主线，全面、系统地介绍了 Photoshop CC 2019 软件的基本使用方法和应用技巧。通过学习本教材，学生能够掌握图形图像处理的高级操作技能，可以使用主流平面设计软件进行广告设计与制作，熟悉广告设计原理，掌握广告设计创意方法和实现途径。本教材根据不同的设计对象进行了项目划分，共设计 10 个项目，涵盖入门、提高、应用三个层次，内容分别为"字体设计""标志设计""插画设计""海报设计""包装设计""广告设计""H5 设计""VI 设计""封面设计""UI 设计"，包含 20 个任务，每个任务还设置了拓展任务，有助于学生掌握多种设计技巧，开拓艺术创意思维，不断提升实际设计制作水平。

本教材的内容融入了数字媒体技术应用专业、电子商务专业的相关技能点和相关的工作项目，对接 1+X 证书的职业技能等级标准，可以作为相关专业教材和职业培训教材。

本教材为计算机平面设计专业群研究基地项目建设成果。

未经许可，不得以任何方式复制或抄袭本书之部分或全部内容。
版权所有，侵权必究。

图书在版编目（CIP）数据

平面设计与应用教程 / 谈志勇，谢端，包之明主编 . —北京：电子工业出版社，2023.2

ISBN 978-7-121-44930-7

Ⅰ. ①平… Ⅱ. ①谈… ②谢… ③包… Ⅲ. ①平面设计—图像处理软件—中等专业学校—教材 Ⅳ.①TP391.413

中国国家版本馆 CIP 数据核字（2023）第 015353 号

责任编辑：罗美娜　　文字编辑：戴　新
印　　刷：北京缤索印刷有限公司
装　　订：北京缤索印刷有限公司
出版发行：电子工业出版社
　　　　　北京市海淀区万寿路 173 信箱　邮编　100036
开　　本：880×1 230　1/16　印张：18.25　字数：438 千字
版　　次：2023 年 2 月第 1 版
印　　次：2023 年 9 月第 2 次印刷
定　　价：65.80 元

凡所购买电子工业出版社图书有缺损问题，请向购买书店调换。若书店售缺，请与本社发行部联系，联系及邮购电话：(010) 88254888，88258888。

质量投诉请发邮件至 zlts@phei.com.cn，盗版侵权举报请发邮件至 dbqq@phei.com.cn。

本书咨询联系方式：(010) 88254617，luomn@phei.com.cn。

本书编委会

主　编：谈志勇　谢　端　包之明（广西机电职业技术学院）

副主编：刘智妮　吕才梅

参　编：杨　茵　梁洁凤　黄家常　苏思媚　韦可珍

郑朝阳　滕香琴　孙莹声　梁协愉　梁深森

徐海兰　封　超　杨晓越　莫业进

覃　勇（贵港日报社）　潘金强（贵港日报社）

前言 PREFACE

本书全面贯彻党的教育方针和党的二十大精神，落实立德树人根本任务，践行社会主义核心价值观铸魂育人，坚定理想信念，政治认同、家国情杯、四个自信，为中国式现代化全面推进中华民族伟大复兴而培育技能型人才。

本教材以工作页的形式编写，基于实际案例的工作过程，从中职计算机平面设计人才培养需求和企业用人需求出发，以"实用、够用、能用"为原则，通过对项目工作过程的分解，以情境化的职业活动为核心，参照相关专业 1+X 证书的职业技能等级标准，按照"以学生为中心、学习成果为导向、促进自主学习"的思路进行开发设计。通过对本教材的学习，学生能够经历明确任务、获取信息、制订计划、实施计划、检查控制、评价反馈等环节，形成科学合理的自主学习过程。

本教材以企业真实项目为载体，结合"荷城贵港"本地特色，突出贵港地方的"荷"文化，对接本地产业，服务本地乡村振兴工作计划。结合"荷花"的文化特质，深入渗透职业素养和文化修养，实现课程思政的育人功能。本教材内容的选取符合国内平面设计专业最新的应用需求和技术趋势。本教材还将最新的数字图像处理技术融入案例，根据不同的设计对象进行项目划分，共设计了 10 个项目、20 个任务。

本书由谈志勇、谢端、包之明（广西机电职业技术学院）主编并负责项目设计，刘智妮、吕才梅负责学习活动设计并编写项目一和项目十，黄家常主要编写项目二和项目三，杨茵主要编写项目四和项目五，梁洁凤主要编写项目七及项目八，苏思媚、韦可珍主要编写项目六和项目九。郑朝阳、滕香琴、孙莹声、梁协愉、梁深森、徐海兰、封超、杨晓越、莫业进、覃勇、潘金强等参与了教材的具体编写工作。在本书编写过程中得到了多位专家、同行的帮助和指教，在此一并表示感谢。

由于编写时间仓促，书中难免出现不妥之处，诚恳希望各位专家、同行、读者指正。

目录 CONTENTS

项目一

字体设计

文字是人们传递信息的重要载体之一。随着社会的不断进步，设计师用不同的文字字体传递着各种各样的信息，人们在接收信息的同时收获了美的感受。字体的设计与制作已经成为现代平面设计领域中的一个重要分支，呈现出巨大的市场潜力与商机。

在本项目中，我们将利用 Photoshop CC 2019 软件的各种功能，完成"荷美覃塘""壮美广西"字体设计与制作，从而掌握利用 Photoshop CC 2019 软件进行字体设计的方法与技巧。

学习目标

（1）了解字体设计的概念。

（2）掌握字体设计的原则。

（3）掌握字体设计的色彩运用。

（4）掌握不同风格的字体设计的制作方法。

项目分解

任务一　"荷美覃塘"字体设计

任务二　"壮美广西"字体设计

任务效果图展示（见图1-1、图1-2）

图1-1　　　　　　　　　　　　　　图1-2

▶ 任务一 "荷美覃塘"字体设计

【工作情景描述】

广西贵港市"荷美覃塘"景区，是一个以荷花为主要自然景点，集花卉种植园、荷花精品园、民族风情村、民宿酒店等配套娱乐设施的荷文化观光旅游地，是集现代农业和休闲旅游为一体的新型旅游景区。

请你根据景区的背景，进行"荷美覃塘"的字体设计。

【建议学时：4 学时】

【学习结构】

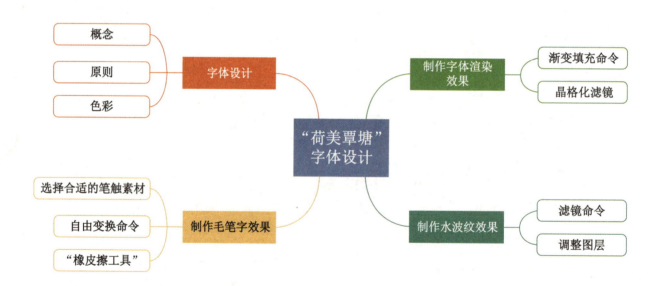

【工作过程与学习活动】

学习活动 ② 工作实施

💡 学习目标

能根据既定的工作计划，通过小组合作方式，落实实施步骤。

建议学时：2 学时

⏰ 学习过程

一、工作实施步骤

扫码观看本案例视频　　扫码查看拓展案例

（1）启动 Photoshop CC 2019 软件，选择"文件"——"新建"命令（按下 Ctrl+N 组合键），弹出"新建文档"窗口，新建一个"宽度"为 297 毫米，"高度"为 210 毫米，"分辨率"为 300 像素/英寸，"名称"为"荷美覃塘"的图像文件，单击"创建"按钮。

（2）选择"文件"——"置入嵌入对象"命令，在弹出的"置入嵌入的对象"对话框中，找到"荷美覃塘字体设计"素材文件夹，选择"背景.png"文件，单击"置入"按钮。

（3）在工具箱中选择"横排文字工具" **T**（按下快捷键 T），输入"荷美覃塘"文字，选中"荷美覃塘"文字后，在"字符"面板中调整文字的属性，设置字体、字号和颜色，按下"回车键"，效果如图 1-3 所示。使用"移动工具" ✛（按下快捷键 V），将"荷美覃塘"文字移动到画布中间。

（4）打开笔触素材，在图层上拖入笔触，然后按下 Ctrl+T 组合键调整笔触大小和位置，有些多余的笔触可以使用"橡皮擦工具" ◢进行擦除。也可根据需要，对笔触进行变形处理，如图 1-4 所示。

（5）按下 Ctrl+G 组合键对笔触进行分组，此时图层关系如图 1-5 所示。

（6）在"图层"面板中选中"荷美覃塘"文字图层，单击鼠标右键，在弹出的快捷菜单中选择"栅格化文字"命令，将"荷美覃塘"文字栅格化。

（7）在"图层"面板中选中"荷美覃塘"图层，使用"橡皮擦工具" ◢，将"塘"字最上方多余的笔触擦除，如图 1-6 所示。

图 1-3

图 1-4

图 1-5

图 1-6

（8）在"图层"面板中，选中除"背景"图层之外的所有图层，如图 1-7 所示。按下 Ctrl+G 组合键，将选中的图层合并为一个新组，命名为"荷美覃塘"，如图 1-8 所示。

图 1-7

图 1-8

（9）在"图层"面板中选中"荷美覃塘"图层组，单击鼠标右键，在弹出的快捷菜单中选择"转换为智能对象"命令。然后按住 Ctrl 健，单击图层缩览图，载入"荷美覃塘"图层的选区，如图 1-9 所示。

（10）在"图层"面板中单击下方的"创建新的填充或调整图层"按钮，在弹出的快捷菜单中选择"渐变"命令，如图 1-10 所示。

图 1-9　　　　　　　　　　　　　　　　　　　　图 1-10

（11）单击"渐变填充"图层缩览图，在弹出的"渐变填充"对话框中设置渐变参数，如图 1-11 所示。在"图层"面板中，隐藏"荷美覆塘"图层，按下 Ctrl+D 组合键取消选区，效果如图 1-12 所示。

图 1-11　　　　　　　　　　　　　　　　　　图 1-12

（12）在"图层"面板中选中"渐变填充 1"图层，单击渐变填充蒙版区，如图 1-13 所示。选择"滤镜"——"像素化"——"晶格化"命令，在弹出的对话框中设置"单元格大小"为 5。

（13）再次选择"滤镜"——"像素化"——"晶格化"命令，在弹出的对话框中设置"单元格大小"为 20，此时的效果如图 1-14 所示。

图 1-13　　　　　　　　　　　　　　　　　图 1-14

（14）选择"编辑"——"渐隐晶格化"命令，在弹出的"渐隐"对话框中，设置"不透明度"为70%、"模式"为滤色，如图1-15所示。

（15）再次执行"晶格化"滤镜命令，在弹出的对话框中设置"单元格大小"为 60。再次选择"编辑"——"渐隐晶格化"命令，在弹出的"渐隐"对话框中，设置"不透明度"为20%、"模式"为滤色，效果如图1-16所示。

图 1-15

图 1-16

（16）再次选择"滤镜"——"像素化"——"晶格化"命令，在弹出的对话框中设置"单元格大小"为 5，此时的效果如图1-17所示。

（17）在"图层"面板中选中"渐变填充 1"图层，按下 Ctrl+J 组合键复制图层，将复制好的"渐变填充 1 拷贝"图层的图层混合模式改为"线性加深"，设置图层"不透明度"为 30%，如图1-18所示。此时的效果如图1-19所示。

图 1-17

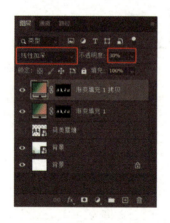

图 1-18

图 1-19

（18）接下来制作水波纹效果。选中"背景"图层，单击"图层"面板下方的"新建图层"按钮，新建图层，命名为"水波纹"。

（19）在"图层"面板中选中"水波纹"图层，在工具箱中将"前景色"设置为白色，按下 Alt+Delete 组合键将"水波纹"图层填充为白色。

（20）选中"水波纹"图层，选择"滤镜"——"渲染"——"分层云彩"命令，得到的效果如图1-20所示。

（21）选择"滤镜"——"模糊"——"径向模糊"命令，在弹出的"径向模糊"对话框中设置"数量"为25，将模糊中心点往右下角移动，如图 1-21 所示，单击"确定"按钮。

（22）选择"滤镜"——"滤镜库"——"基底凸显"命令，在弹出的对话框中设置"细节"为 1、"平滑度"为 11，单击"确定"按钮。

（23）选择"滤镜"——"滤镜库"——"铬黄渐变"命令，在弹出的对话框中设置"细节"为 0、"平滑度"为 10，单击"确定"按钮。

（24）选择"滤镜"——"扭曲"——"水波"命令，在弹出的对话框中设置"数量"为 25、"起伏"为 8，如图 1-22 所示，单击"确定"按钮。

  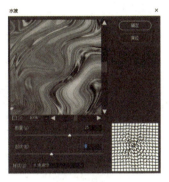

| 图 1-20 | 图 1-21 | 图 1-22 |

（25）选中"水波纹"图层，单击"图层"面板下方的"创建新的填充或调整图层"按钮，在弹出的快捷菜单中选择"色相/饱和度"命令。在"色相/饱和度"对话框中设置"色相"为 200、"饱和度"为+40，选中"着色"复选框并单击"剪贴蒙版"按钮，如图 1-23 所示。

（26）选中"水波纹"图层，将图层不透明度设置为 15%。

（27）至此，"荷美覃塘"文字设计完成，最终效果如图 1-24 所示。

图 1-23　　　　　　　　　　图 1-24

温馨提示：

在选择字体的时候，要注意版权问题。如果是商用，请及时购买使用权。

小技巧：

在选择某个工具或进行某种操作时，可以使用一些快捷键或组合键，比如"横排文字工具"（快捷键为 T）、"移动工具"（快捷键为 V）、"橡皮擦工具"（快捷键为 E）、自由变换命令（组合键为 Ctrl+T）、对图层进行编组（组合键为 Ctrl+G）等，都有快捷方法。还有，按住 Ctrl 键的同时单击图层缩览图，可载入该图层的选区。

二、工作检查

我的实际完成结果和理论结果比较，是否存在不足之处？如有，请分析原因。

_____

_____

_____

_____

_____

【知识链接】

1. 字体设计的概念

字体设计是通过对文字定位，考虑要传递的信息和内容，以及颜色的色彩情感，运用图形、图像等装饰元素，达到美化文字的一种艺术设计。字体设计广泛应用于包装设计、广告设计、标志设计、版式设计、书籍设计和招贴设计等领域，以它特有的感染力有效地推动信息传播和产品推广。如图 1-25 所示是一些字体设计案例。

图 1-25

2. 字体设计的原则

文字在生活中是十分常见的，为了让文字更加形象生动，引人注目，我们需要对文字进行精心设计，使其在外部形态上具有鲜明的特性。在设计过程中，我们需要遵循文字的可读性、艺术性、强调性原则，这样能给人视觉上美的享受，更加容易进行信息的传播。

1）可读性原则

文字的首要功能是向大众传递设计者的设计意图和产品的各种信息，因此字形一定要正确，不要任意添加或减少笔画，否则会产生错字，失去了文字本身的意义。此外，在进行字体设计时，要对整体效果进行综合考虑，要给人清晰的、易识别的、可读的视觉印象，不要只追求字体的变化，要为需求而设计。

例如，在设计书籍封面时，对书籍名称可以进行较大程度的创意设计，而对于作者、出版社等信息不适宜对文字本身做太多的改变。

2）艺术性原则

文字是由点、横、竖、圆弧等线条组合而成的形态。在对文字的结构和线条进行设计时，应注意遵循均衡、对称、对比等设计原则。字体的设计要参考作品的风格、特征，通过图文结合的方式巧妙地进行艺术风格设计，最终效果会给人留下美好的印象。如图 1-26 所示是部分案例。

图 1-26

3）强调性原则

在字体设计中，强调性原则是指可以把需要着重突出的文字设计成为比较醒目的、显眼的特大文字效果。如图 1-27 和图 1-28 所示是部分案例。

图 1-27

图 1-28

3. 字体设计的色彩

色彩的属性是指色相、明度、饱和度三种性质。

1）色相

色相是指色彩的相貌称谓，就是我们通常所说的各种颜色，如红、橙、黄、绿、青、蓝、紫等。色相是色彩的首要特征，是区别各种不同色彩的最准确的标准。事实上任何黑白灰以外的颜色都有色相的属性，而色相是由原色、间色和复色构成的。把红、橙、黄、

绿、蓝、紫和处在它们各自之间的红橙、黄橙、黄绿、蓝绿、蓝紫、红紫这 6 种中间色
——共计 12 种色作为色相环，如图 1-29 所示。在色相环上排列的色是纯度高的色，被称
为纯色。在色相环上，与环中心对称，并在 180 度的位置两端的色被称为互补色。

2）明度

色彩的明度指的是色彩所具有的亮度和暗度。各种有色物体由于它们反射光量的区别，
从而产生了颜色的明暗强弱。色彩的明度有两种情况：一是各种颜色具有不同的明度，如
蓝色的明度就比黄色的低；二是同一色相具有深浅不同的明度，如绿色中由浅到深有浅绿、
中绿、墨绿等明度变化。在所有可视色彩中，黄色的明度最高，紫色、蓝紫色的明度最低。
如图 1-30 所示，显示了色彩的明度。

图 1-29

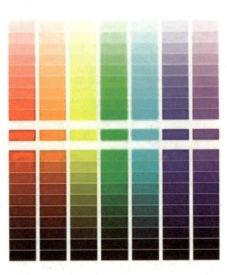

图 1-30

3）纯度

纯度，又称饱和度，指的是色彩的鲜艳或鲜明程度。从科学的角度看，一种颜色的鲜
艳度取决于这一色相发射光的单一程度。纯度由于色相的不同而不同，而且即使是相同的
色相，因为明度的不同，纯度也会随之变化。在所有可视的色彩中，红色的饱和度最高，
蓝色的饱和度最低。

【思政园地】

聊一聊字体侵权这件"小"事

学生：老师，我近期在网上看到一些"字体使用提示函"，这是什么？新型诈骗手段吗？

老师：这类提示函是告诉对方可能涉及"字体侵权"了。你也可以到网上找找关于"字体侵权"的案例。

学生：什么？"字体"也有版权？

老师：是的，计算机字库是受著作权法保护的。当"字体"涉及商用时，要记得购买使用权。

学生：（在网上找到以下案例）

北大方正就以侵犯其自主知识产权的方正字库著作权之名，将美国暴雪娱乐有限公司诉上法庭，并索赔1亿元人民币。

电影《九层妖塔》涉字体侵权，7个字判赔14万元。

老师：很多人都以为"微软雅黑"是系统自带的，认为把它商用是没有风险的。但是实际上，"微软雅黑"是由"北京北大方正电子有限公司"设计开发的字体作品。要想将它用在商业用途，还是需要该公司授权的。

老师：作为设计师，要了解有关字体版权的相关规定，尽量使用免费可商用的字体。

学生：老师，万一不小心侵权了，怎么办？

老师：首先要及时回收已经发出的作品，然后进行修改。同时，还需要一笔不小的资金去解决法律纠纷。

学生：看来我要好好学习字体版权的相关知识和规定了。

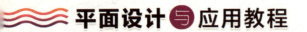

▶ 任务二 "壮美广西"字体设计

【工作情景描述】

广西壮族自治区是壮族人民分布最多的省份。广西以山水为主要自然景点，不仅有桂林的"山水甲天下"，还有崇左市的德天跨国大瀑布。壮族文化元素不仅有壮族"三月三"唱山歌、依山傍水的壮寨村寨，还有壮年、牛神节、六月十四和七月十四节等传统节日。

请你根据广西壮族自治区的背景，进行"壮美广西"的字体设计。

【建议学时：4 学时】

【学习结构】

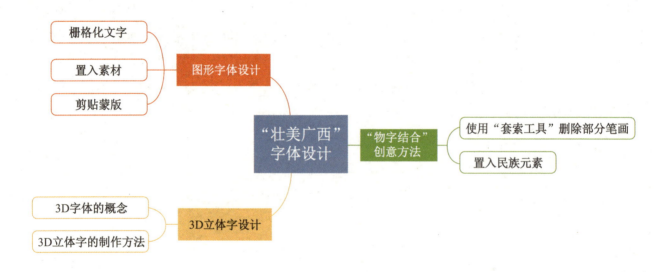

【工作过程与学习活动】

学习活动 ② 工作实施

💡 学习目标

能根据既定的工作计划，通过小组合作方式，落实实施步骤。

建议学时：2 学时

⏰ 学习过程

一、工作实施步骤

扫码观看本案例视频　扫码查看拓展案例

（1）启动 Photoshop CC 2019 软件，选择"文件"——"新建"命令（按下 Ctrl+N 组合键），弹出"新建文档"窗口，新建一个"宽度"为 1920 像素，"高度"为 1080 像素，"分辨率"为 300 像素/英寸，"名称"为"壮美广西"的图像文件，单击"创建"按钮。

（2）在工具箱中选择"横排文字工具" T （按下快捷键 T），输入"壮美广西"文字。选中"壮美广西"文字后，在"字符"面板中调整文字的属性，"字体"为隶书，"大小"为 100 点，"颜色"为白色，按下"回车键"确定。效果如图 1-31 所示。

图 1-31

（3）在"图层"面板中选中"壮美广西"文字图层，单击鼠标右键，在弹出的快捷菜单中选择"栅格化文字"命令，将"壮美广西"文字栅格化。

（4）选择"文件"——"置入嵌入对象"命令，在弹出的"置入嵌入的对象"对话框中，找到"壮美广西字体设计"文件夹，选择"01 龙胜梯田.jpg"文件，单击"置入"按钮，效果如图 1-32 所示。

图 1-32

（5）在"图层"面板中选中"01 龙胜梯田"图层，单击鼠标右键，在弹出的快捷菜单中选择"创建剪贴蒙版"命令，得到如图 1-33 所示的效果。

图 1-33

（6）在"图层"面板中双击"壮美广西"图层，弹出"图层样式"对话框，选择"描边"选项，设置"大小"为 6 像素，"位置"为外部，"混合模式"为正常，"不透明度"为100%，"颜色"为（RGB：236，227，212），具体参数设置如图 1-34 所示，得到如图 1-35所示的效果。

（7）在"图层样式"对话框中，选择"内发光"选项，设置"混合模式"为滤色，"不透明度"为 61%，"杂色"为 0，"颜色"为白色，"方法"为柔和，"大小"为 16 像素，具体参数设置如图 1-36 所示，得到如图 1-37 所示的效果。

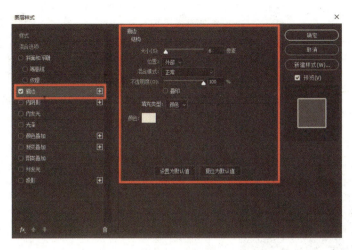

图 1-34   图 1-35

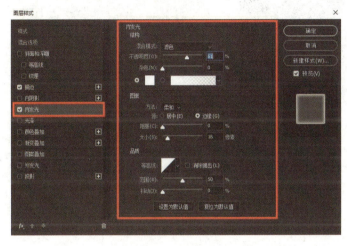

图 1-36   图 1-37

（8）在"图层样式"对话框中，选择"颜色叠加"选项，设置"混合模式"为叠加，"颜色"为（RGB：83，104，0），"不透明度"为100%，具体参数设置如图 1-38 所示，得到如图 1-39 所示的效果。

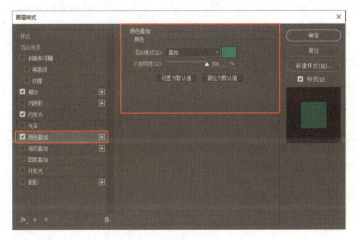

图 1-38   图 1-39

（9）在"图层样式"对话框中，选择"投影"选项，设置"混合模式"为正片叠底，"颜色"为黑色，"不透明度"为 65%，"角度"为 24 度，"距离"为 10 像素，"扩展"为 9%，"大小"为 68 像素，具体参数设置如图 1-40 所示。

（10）为了看清"投影"的效果，在"图层"面板中选择"背景"图层，将前景色修改为淡橙色（RGB：255，231，168），按下 Alt+Delete 组合键修改"背景"图层的颜色，效果如图 1-41 所示。

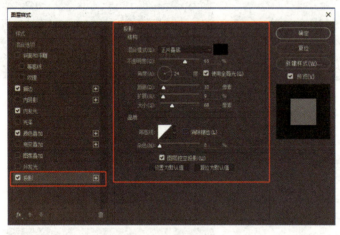 

图 1-40   图 1-41

（11）在"图层"面板中选中"壮美广西"图层，使用"套索工具" （按下快捷键 L），将"壮"字最后一笔选中，按 Delete 键删除，再按下 Ctrl+D 组合键取消选区，效果如图 1-42 所示。

（12）参照步骤（4）的方法，置入"02 竹筏.psd"文件。

（13）在"图层"面板中选中"02 竹筏"图层，单击鼠标右键，在弹出的快捷菜单中选择"栅格化图层"命令，然后使用"矩形选框工具" （按下快捷键 M），将两边过长的竹筏选中并删除，按下 Ctrl+D 组合键取消选区。按下 Ctrl+T 组合键调整"02 竹筏"的大小，接着在图像上单击鼠标右键，在弹出的快捷菜单中选择"水平翻转"命令调整方向。最后使用"移动工具" （按下快捷键 V）将该图像移动到"壮"字下方，效果如图 1-43 所示。

图 1-42   图 1-43

（14）使用同样的方法，将"广"字最上方的"点"笔画和"西"字最右边的"竖"笔画删掉，然后置入"03 绣球.psd""04 卡通人物.psd"文件，分别调整它们的大小、方向和位置，效果如图 1-44 所示。

（15）在"图层"面板中，按住 Shift 键不放，然后用鼠标左键单击"01 龙胜梯田"图层和"壮美广西"图层，将"01 龙胜梯田"图层和"壮美广西"图层同时选中，单击鼠标右键，在弹出的快捷菜单中选择"合并图层"命令（按下 Ctrl+E 组合键），合并得到"01 龙胜梯田"图层，并将图层名称修改为"壮美广西"，得到如图 1-45 所示的效果。

图 1-44 图 1-45

（16）在"图层"面板中选中"壮美广西"图层，然后在菜单中单击"3D（D）"——"从所选图层新建 3D 模型"命令，得到如图 1-46 所示的效果。

图 1-46

（17）在"3D"面板中，选中"壮美广西"网格，单击"属性"按钮，如图 1-47 所示。

图 1-47

（18）在展开的"属性"面板中，点击"形状预设"，选择"凸出"形状，如图 1-48 所示，得到如图 1-49 所示的效果。

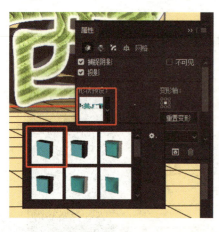

图 1-48

图 1-49

（19）在"3D"面板中，选中"壮美广西 凸出材质"材质，单击"属性"按钮 ▣▮，在展开的"属性"面板中，单击"材质预设"，打开"材质拾色器"，选择"金属—黄金"材质，如图 1-50 所示，得到如图 1-51 所示的效果。

（20）在"属性"面板中，单击"漫射"，将"漫射"的颜色修改为（RGB：68，218，57），如图 1-52 所示。此时的效果如图 1-53 所示。

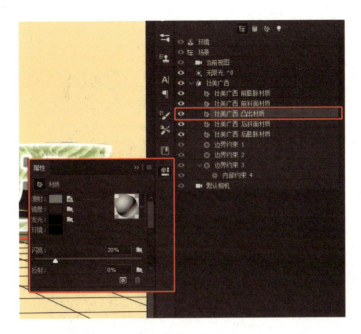

图 1-50

图 1-51

图 1-52

图 1-53

（21）使用同样的方法，逐一对"02 竹筏"图层、"03 绣球"图层和"04 卡通人物"图层进行"3D"操作，在参照第（20）步修改"漫射"的颜色时有所不同，其中"02 竹筏凸出材质"材质的"漫射"颜色为（RGB：11，22，0）；"03 绣球 凸出材质"材质的"漫射"颜色为（RGB：255，128，117）；"04 卡通人物 凸出材质"材质的"漫射"颜色为（RGB：80，117，77）；得到如图 1-54 所示的效果。

图 1-54

（22）去掉图层的投影。在"图层"面板中选中"壮美广西"图层，单击"图层"旁边的"3D"，选中"无限光 ^0"，如图 1-55 所示。

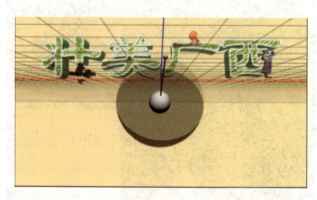

图 1-55

（23）按住"球体"上的"竖杆"并移动鼠标，将"竖杆"移动到"球体"中间，如图 1-56 所示，得到如图 1-57 所示的效果。

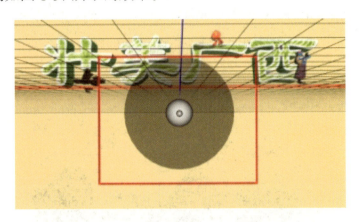

图 1-56

图 1-57

（24）使用相同的方法，去掉"04 卡通人物"图层、"02 竹筏"图层和"03 绣球"图层的投影，效果如图 1-58 所示。

（25）参照步骤（4）的方法，置入"05 风景.png"文件。

图 1-58

（26）在"图层"面板中，将"05 风景"图层移到"壮美广西"图层的下方，选中"05 风景"图层，按下 Ctrl+T 组合键调整大小。然后按住 Shift 键不放，用鼠标分别单击"04 卡通人物"图层和"壮美广西"图层，即同时选中"壮美广西"图层、"02 竹筏"图层、"03 绣球"图层和"04 卡通人物"图层，接着将图层中的图像移动到合适的位置，如图 1-59 所示。

图 1-59

（27）至此，"壮美广西"字体设计全部完成。

温馨提示：

（1）在选择图片时需要注意版权问题，如需商用，请及时购买使用权。

（2）使用"置入嵌入对象"命令得到的是智能对象，需要将其栅格化才能进行编辑。

（3）在给"壮美广西"图层新建 3D 模型时，注意要先将其与"01 龙胜梯田"图层合并。

小技巧：

按住 Ctrl 键可以用鼠标选择不连续图层，按住 Shift 键可以用鼠标选择连续图层。

二、工作检查

我的实际完成结果和理论结果比较，是否存在不足之处？如有，请分析原因。

_____

_____

_____

_____

【知识链接】

3D 风格的字体设计

我们平时所接触的字体，大多是以平面的方式呈现的，但也有一些字体以 3D 立体的形态作为一种视觉景观，点缀着我们的生活。

3D 风格的字体设计就是指具有立体感的字体设计，如图 1-60 所示是部分案例。它具有接近真实的外观质感，还有巧妙而错综复杂的内部结构，使整体画面具有立体感与空间感。

图 1-60

3D 风格的字体设计具有高端、温和、优雅、大气、华丽等特性。我们应该打破传统的设计思维方式，掌握好空间的主次、前后、大小、明暗、远近等关系，将它们进行相互融合，使其整体统一，以设计出有特色的 3D 风格的字体。

【思政园地】

聊一聊"三月三"习俗

学生：老师，听说今年广西"三月三"放假的安排出来了，那我们是不是可以出去玩啦？好开心呀！

老师：对呀，那你知道"三月三"为什么会放假吗？

学生：我知道，我知道！农历"三月三"是广西一个很重要的节日，不仅对于壮族，对于当地的瑶族、汉族来说，"三月三"也很重要。2014 年，广西壮族自治区人民政府发布了关于 2014 年"壮族三月三"放假的通知，从当年开始一直到现在，广西每年的"三月三"都会放假。

老师：真棒！懂得不少嘛！看来平时认真了解了广西的一些文化历史。那老师再问你一个问题，五色糯米饭有哪五种颜色？

学生：我知道五色糯米饭是农历"三月三"的一个习俗。一到"三月三"，广西各族人民就会制作五色糯米饭，不仅可以自家人吃，还可以用来招待客人。但是我不记得有哪五种颜色了，老师，你等我一下，我去网上搜一下。

学生：老师，我知道了，五色糯米饭有黑、红、黄、白、紫五种颜色。其中黑色是用枫叶制作的。我还知道关于壮族"三月三"的其他习俗，对山歌、抢花炮、绣球传情、打铜鼓等，其中对山歌是重要习俗之一，有些地方还能对上三天三夜呢。

老师：既然你说到了对山歌，那么老师给你推荐一部影片《刘三姐》，影片主要讲的是刘三姐用唱山歌的方式反抗坏地主莫怀仁。你可以在"三月三"假期的时候看一下这部影片。

学生：哇，用唱山歌的方式反抗坏地主，那岂不是很厉害？我已经迫不及待地想要去看了。

▶ 课堂练习——"人气新品"字体设计

【技术点拨】先使用"横排文字工具"输入文本，将文本转换为形状，再使用"直接选择工具"调整形状，然后使用"钢笔工具"绘制形状，为文本应用图层样式。效果如图1-61所示。

【效果图所在位置】

扫码观看本案例视频

图 1-61

▶ 课后习题——"双11欢乐购"字体设计

【技术点拨】先使用"横排文字工具"输入文本，再使用"矩形工具"绘制形状，结合自由变换命令，拼凑完成文本效果，然后使用自由变换命令倾斜文本，并为文本应用图层样式，效果如图1-62所示。

【效果图所在位置】

扫码观看本案例视频

图 1-62

项目二

标志设计

标志是人们在长期的生活和实践中形成的一种视觉化的信息表达方式，是具有一定的含义并能够使人容易理解的视觉图形，具有简洁明确、一目了然的视觉传递效果。标志的设计与制作涉及广告、包装、建筑、景观、室内装饰、展示、城市规划等各个方面，与人们的生活息息相关。

本项目我们将利用 Photoshop CC 2019 软件的各种功能，完成"郁江书院""贵港·荷城""贵港市东湖公园"标志设计与制作，从而掌握利用 Photoshop CC 2019 软件进行标志设计的方法与技巧。

学习目标

（1）了解标志设计的概念。

（2）掌握标志设计的原则。

（3）掌握标志设计的技巧。

（4）掌握标志设计的类型。

项目分解

任务一　"郁江书院"标志设计

任务二　"贵港·荷城"标志设计

任务三　"贵港市东湖公园"标志设计

任务效果图展示（见图 2-1、图 2-2、图 2-3）

图 2-1　　　　　　　　　图 2-2　　　　　　　　　图 2-3

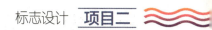

▶ 任务一　　"郁江书院"标志设计

【工作情景描述】

　　"郁江书院"是一个古典与现代融合的城市文化艺术空间，在这里可以感受到传统与现代的觥筹交错，书院内设艺术展厅、禅修书吧、国学讲堂等，书院多次举办国学论坛、读书沙龙，致力于推动城市文旅事业，弘扬中华优秀传统思想文化。

　　请你根据书院的背景，进行"郁江书院"的标志设计。

【建议学时：6 学时】

【学习结构】

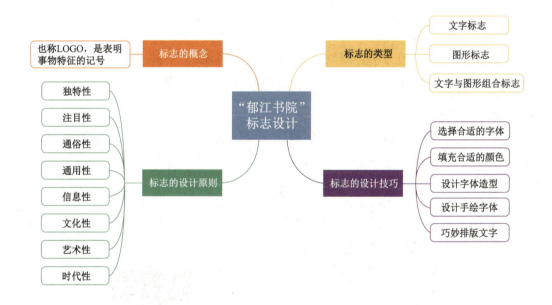

【工作过程与学习活动】

学习活动2　工作实施

学习活动1　工作准备

学习活动3　总结与评价

学习活动 ② 工作实施

💡 学习目标

能根据既定的工作计划，通过小组合作方式，落实实施步骤。

建议学时：4 学时

⏰ 学习过程

一、工作实施步骤

扫码观看本案例视频　　扫码查看拓展案例

（1）启动 Photoshop CC 2019 软件，新建一个"宽度"为 30 厘米、"高度"为 20 厘米的图像文件，设置名称为"郁江书院标志设计"，"分辨率"为 150 像素/英寸，"颜色模式"为 RGB 颜色，单击"创建"按钮。

（2）在工具箱中单击"前景色"按钮▣，在弹出的"拾色器"对话框中，设置颜色为白色，按下 Alt+Delete 组合键，将画布填充为白色。

（3）在工具箱中选择"横排文字工具" ▣（按下快捷键 T），输入文字"郁江书院"。在属性栏中设置"字体"为 Adobe 宋体 Std，"大小"为 150 点，"颜色"为黑色。在工具箱中选择"移动工具" ▣，将所有文字排列至合适位置，如图 2-4 所示。

图 2-4

（4）在"图层"面板中选中"郁江书院"文字图层，将图层不透明度修改为 26%，并且锁定图层，如图 2-5 所示。

图 2-5

（5）绘制文字笔画。在工具箱中选择"钢笔工具" （按下快捷键 P），在属性栏中设置"选择工具模式"为形状，"填充颜色"为黑色，无描边。然后在画布中绘制文字所需笔画的形状。选中绘制的笔画，按下 Ctrl+G 组合键，将图层合并成一个组，并且命名为"笔画"，如图 2-6 所示。

（6）使用绘制好的画笔，以"郁江书院"文字图层为原型，拼接出"郁"字的形状，使用"直接选择工具" ，灵活调整字体的路径形状，如图 2-7 所示。

（7）使用同样的方法，通过旋转笔画和调整路径等操作继续完成后续文字的拼接，如图 2-8 所示。

图 2-6　　　　　　　图 2-7　　　　　　　图 2-8

（8）给图层进行分组。分别选中文字"郁""江""书""院"的拼接笔画，按下 Ctrl+G 组合键，将图层合并成新的组，分别命名为"郁""江""书""院"，接着选中"郁""江""书""院"四个文字组，继续按下 Ctrl+G 组合键，将文字组合并成一个大组，命名为"郁江书院"，如图 2-9 所示。

（9）在工具箱中选中"移动工具" （按下快捷键 V），给文字进行排版，分别选中"郁""江""书""院"图层组，将文字排列至合适的位置，效果如图 2-10 所示。

（10）在"图层"面板中选中"笔画"图层组和"郁江书院"文字图层，单击图层前面的眼睛图标，隐藏图层。

（11）选择"文件"——"置入嵌入对象"命令，在弹出的"置入嵌入的对象"对话框中，找到"郁江书院标志设计"素材文件夹，选择"背景.png"文件，单击"置入"按钮，然后将该素材调整至合适的大小和位置。接着调整图层顺序，将置入的"背景"图层移动至"郁江书院"文字图层下方，得到如图 2-11 所示的效果。

图 2-9

图 2-10

图 2-11

（12）选中"郁江书院"文字组，单击"图层"面板下方的"添加图层样式"按钮 **fx**，在弹出的下拉列表中选择"投影"选项，在弹出的对话框中设置"混合模式"为正常，"颜色"为褐色（RGB：100，83，69），"不透明度"为 80%，"角度"为 139，"距离"为 2，"扩展"为 0，"大小"为 2，如图 2-12 所示，得到的效果如图 2-13 所示。

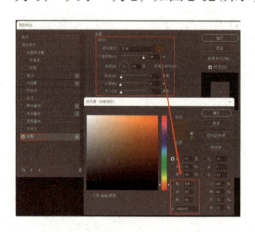
图 2-12

图 2-13

（13）参照步骤（11）的方法，置入"山.png"素材文件，调整素材至合适的大小和位置，得到如图 2-14 所示的效果。

（14）在"图层"面板中选中"山"图层，单击鼠标右键，在弹出的快捷菜单中选择"创建剪贴蒙版"命令，效果如图 2-15 所示。

图 2-14

图 2-15

（15）在"图层"面板中选中"山"图层，按下 Ctrl+J 组合键，得到"山 拷贝"图层，使用"移动工具" ✥（按下快捷键 V）将复制出来的图层中的图像移动至合适的位置，如图 2-16 所示。

（16）在"图层"面板中选中"山 拷贝"图层，单击鼠标右键，在弹出的快捷菜单中选择"创建剪贴蒙版"命令，效果如图 2-17 所示。

（17）参照步骤（11）的方法，置入"框.png"素材文件，调整素材至合适的大小和位置，得到如图 2-18 所示的效果。

图 2-16

图 2-17

图 2-18

（18）选中"郁江书院"文字组，单击"图层"面板下方的"添加图层样式"按钮 *fx*，在弹出的下拉列表中选择"投影"选项，在弹出的对话框中设置"混合模式"为正常，"颜色"为蓝色（RGB：40，111，151），"不透明度"为 88%，"角度"为 139，"距离"为 2，"扩展"为 0，"大小"为 2，如图 2-19 所示，得到的效果如图 2-20 所示。

（19）接着选择图层样式里的"渐变叠加"选项，设置"混合模式"为正常，"不透明度"为 100%，"渐变"为褐色（RGB：46，42，40）到蓝色（RGB：42，77，99），"角度"为 161，如图 2-21 所示，得到的效果如图 2-22 所示。

（20）至此，完成"郁江书院"标志设计。

温馨提示：

钢笔工具的快捷键是 P。

小技巧：

在绘图软件中，钢笔工具是用来创建路径的工具。创建路径后，还可以再次编辑。钢笔工具属于矢量绘图工具，其优点是可以勾画平滑的曲线，在缩放或变形之后仍能保持平滑效果。使用钢笔工具绘制的矢量图形被称为路径，路径是矢量的路径，是不封闭的开放状。如果把起点与终点重合，就可以得到封闭的路径。在使用钢笔工具时，可以灵活使用 Alt 键和 Ctrl 键进行绘制。

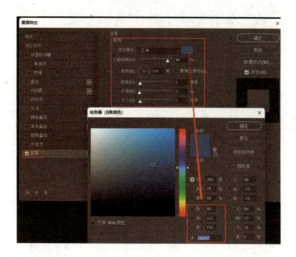

图 2-19

图 2-20

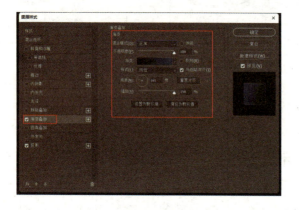

图 2-21

图 2-22

温馨提示：

钢笔工具的快捷键是 P。

小技巧：

在绘图软件中，钢笔工具是用来创建路径的工具。创建路径后，还可以再次编辑。钢笔工具属于矢量绘图工具，其优点是可以勾画平滑的曲线，在缩放或变形之后仍能保持平滑效果。使用钢笔工具绘制的矢量图形被称为路径，路径是矢量的路径，是不封闭的开放状。如果把起点与终点重合，就可以得到封闭的路径。在使用钢笔工具时，可以灵活使用 Alt 键和 Ctrl 键进行绘制。

二、工作检查

我的实际完成结果和理论结果比较，是否存在不足之处？如有，请分析原因。

_____

_____

_____

【知识链接】

1. 标志设计的概念

标志，英文缩写是 LOGO，是表明事物特征的记号，是人们进行生产活动、社会活动必不可少的直观工具。如公共场所标志、交通标志、安全标志、操作标志等，如图2-23、图2-24所示。也有为国家、地区、城市、民族、家族等设计的专用标志。也有为社会团体、企业、各种活动设计的专用标志，如会徽、厂标、社标等。也有为某种商品或产品设计的专用商标。还有为集体或个人所属物品设计的专用标志，如图章、印章等。

图2-23   图2-24

2. 标志的类型

标志一般分为三种类型：文字标志、图形标志、图文组合标志。

1）文字标志

文字标志是指以特定的字体、字体造型或字体所衍生出来的图案作为企业的标志。文字标志可以直接用中文、英文大小写字母或汉语拼音的单词构成，也可以通过汉语拼音或外文单词的字首进行组合。

2）图形标志

图形标志是指通过几何图案或象形图案来表示的标志。图形标志又可分为三种，即具象图形标志、抽象图形标志、具象和抽象结合的图形标志。

3）图文组合标志

图文组合标志是运用文字与图形结合的设计，兼具文字与图形属性的长处。

3. 标志设计的原则

标志设计是一门重要的视觉语言，在标志设计过程中，我们需要遵循几点原则——独特性、注目性、通俗性、通用性、信息性、文化性、艺术性、时代性等，进而使得标志美观大方、一目了然，易于被迅速理解和记忆。

4．文字标志设计的技巧

1）选择合适的字体

当我们进行文字标志设计时，选择一种合适的字体可以传达品牌的气质和个性。首先是衬线字体和非衬线字体的选择，衬线字体的字母上有细线，看起来具有权威性、专业性，细节更多。而非衬线字体看起来更厚重、更具有力量。衬线字体和非衬线字体各有各的风格，我们需要了解不同类型字体的适用范畴，根据品牌的气质，选择合适的字体进行设计。

2）填充合适的颜色

在进行文字标志设计时，合理运用颜色是区分品牌和吸引眼球的好方法，例如淘宝的橙色、京东的红色等。

3）设计字体造型

在不影响文字识别度的基础上，依据文字笔画规律将某些字体做成形状，或者将文字的不同笔画连接起来，给字体做造型，增加字形的独特程度，使得文字标志更具个性。

4）设计手绘字体

我们还可以进行创意设计手绘字体，让文字标志更具独特性，进而增强品牌的辨识度。

5）巧妙排版文字

在进行文字标志设计时，要注意对文字的位置进行巧妙排列，增加或减少字符间距都会影响标志的可读性。

【思政园地】

一起来了解古代四大书院

学生：老师，中国古代四大书院的说法是指哪"四大"呢？

老师：中国自宋朝以来就有四大书院的说法，但是究竟哪四所书院可以称得上"四大"，则各有各的见解。普遍认可的说法为应天书院、岳麓书院、嵩阳书院和白鹿洞书院。

学生：哇，老师，您可以详细介绍这四大书院吗？

老师：应天书院位于河南商丘市，史载"州郡置学于此"。北宋庆历三年，改升为"南京国子监"，成为北宋最高学府，同时也成为中国古代书院中唯一一座升级为国子监的书院。

老师：岳麓书院位于长沙市岳麓山风景区，千年学府岳麓书院，是三湘人才辈出的历史记录，明朝至民国初期是岳麓书院培养人才的鼎盛时期，很多影响中国历史的人物都是从这里走出来的。书院门口挂有"惟楚有才，于斯为盛"的对联。

老师：嵩阳书院位于河南省郑州市，为宋代理学的发源地之一，是研究中国古代书院建筑、教育制度和儒家文化的"标本"。

老师：白鹿洞书院位于江西庐山五老峰南麓的山谷中，享有海内第一书院之誉。始建于南唐升元年间，是中国首间完备的书院。南唐时建成庐山国学（又称白鹿国学），为中国历史上唯一由中央政府于京城之外设立的国学书院。

学生：哇，古代的书院影响这么深远，以后有机会我想亲自去看看。

老师：千年古学府，人文气息深厚，确实值得我们去探寻。

学生：嗯嗯。

▶任务二 "贵港·荷城"城市标志设计

【工作情景描述】

贵港市因城里多种植荷花而别称荷城，是一座具有两千多年历史的古郡新城，也是一座充满生机的新兴内河港口城市。美丽的贵港拥有着许多的城市地标建筑，如贵港市体育中心、园博园莲心塔、大东码头石牌等。这一个个地标建筑，不仅见证着贵港的现在，更预示着贵港的未来，如一张城市的面孔，绽放着贵港这座城市的精气神；如一个城市的名片，展现了人们对贵港的初印象。贵港城市标志可以简单明了地彰显该城市的特色，有强烈的可识别性，易于城市品牌的传播。

请你根据贵港的背景，结合贵港的地理位置、地标建筑特色，以及精神内涵为设计要点，进行"贵港·荷城"城市标志设计。

【建议学时：8学时】

【学习结构】

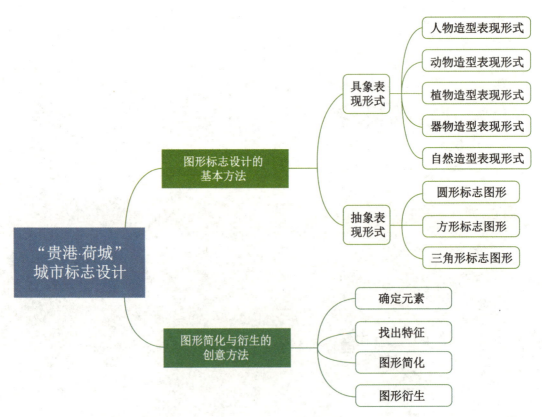

【工作过程与学习活动】

学习活动2　工作实施

学习活动1　工作准备

学习活动3　总结与评价

学习活动 ② 工作实施

💡 学习目标

能根据既定的工作计划，通过小组合作方式，落实实施步骤。

建议学时：6学时

⏰ 学习过程

一、工作实施步骤

扫码观看本案例视频　　　扫码查看拓展案例

（1）启动 Photoshop CC 2019 软件，选择"文件"——"新建"命令（按下 Ctrl+N 组合键），弹出"新建文档"窗口，新建一个"宽度"为 2000 像素，"高度"为 1500 像素，"分辨率"为 300 像素/英寸，"名称"为"贵港荷城城市标志"的图像文件，单击"创建"按钮。

（2）新建一个名为"背景"的图层，在工具箱中选择"椭圆工具" ⬤（按下快捷键 U），单击鼠标左键，在弹出的"创建椭圆"对话框中，设置宽度和高度为 1423 像素，勾选"从中心"，如图 2-25 所示。确定后，将椭圆拖曳至中心位置，并填充其颜色为（RGB：191，

230，210），效果如图2-26所示。

（3）选择"文件"——"置入嵌入对象"命令，在弹出的"置入嵌入的对象"对话框中，找到"贵港荷城城市标志"文件夹，选择"01 荷花.png"文件，单击"置入"按钮，然后将其置于适当位置，如图2-27所示。

图2-25　　　　　　　图2-26　　　　　　　图2-27

（4）在工具箱中选择"矩形工具" ▢（按下快捷键U），在属性栏中设置"选择工具模式"为形状，"填充颜色"为白色，绘制一个与画布同等大小的矩形。将矩形图层置于"01荷花"图层上，并使用鼠标右键单击矩形图层，在弹出的快捷菜单中选择"创建剪贴蒙版"命令，制作出荷花镂空效果，如图2-28所示。

（5）新建一个名为"河流"的图层，在工具箱中使用"圆角矩形工具" ▢（按下快捷键U）和"椭圆工具" ▢（按下快捷键U），在属性栏中设置"选择工具模式"为形状，"填充颜色"为白色，在适当的位置使用以上两种工具绘制出简化河流图形，效果如图2-29所示。

图2-28　　　　　　　　　　　　图2-29

（6）参照步骤（3）的方法，置入"02 贵港市体育中心.png"文件，并将其置于适当位置。

（7）新建一个名为"贵港体育中心"的图层，在工具箱中使用"钢笔工具" ▢（按下快捷键P），在属性栏中设置"选择工具模式"为形状，"填充颜色"为（RGB：0，139，144），然后在图层"02 贵港市体育中心"中的贵港市体育中心图像顶部创建形状，如图2-30所示。

（8）参照步骤（7）的方法，绘制完成"贵港体育中心"所有部分，按照色标图所示为其填充颜色，如图2-31所示。然后调整其大小，将其置于适当位置，再隐藏"02 贵港市体育中心"图层，得到的效果如图2-32所示。

图 2-30

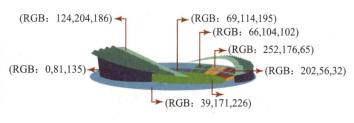

图 2-31

（9）参照步骤（3）的方法，置入"03 大东码头石牌.png"文件，然后调整其大小，将其置于适当位置。

（10）新建一个名为"大东码头石牌"的图层，在工具箱中使用"钢笔工具" （按下快捷键 P），在属性栏中设置"选择工具模式"为形状，"填充颜色"为（RGB：0，177，184），然后在图层"03 大东码头石牌"中的大东码头石牌图像边缘创建形状，如图 2-33 所示。并调整其大小，将其置于"贵港市体育中心"后面，再隐藏"03 大东码头石牌"图层，得到的效果如图 2-34 所示。

图 2-32

图 2-33

图 2-34

（11）参照步骤（3）的方法，置入"04 莲心塔.jpg"文件，然后调整其大小，将其置于适当位置。

（12）新建一个名为"莲心塔"的图层，在工具箱中使用"钢笔工具" （按下快捷键 P），在属性栏中设置"选择工具模式"为形状，"填充颜色"为（RGB：38，171，226），然后在图层"04 莲心塔"中的塔顶位置创建形状，如图 2-35 所示。

（13）参照步骤（12）的方法，绘制完成"莲心塔"所有部分，按照色标图所示填充颜色，如图 2-36 所示。然后调整其大小，将其置于适当位置，再隐藏"04 莲心塔"图层。

图 2-35

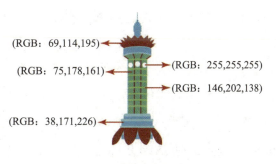

图 2-36

（14）至此，"贵港·荷城"城市标志设计全部完成，效果如图 2-24 所示。

温馨提示：

"贵港·荷城"城市标志设计选择三个贵港市地标——贵港市体育中心、园博园莲心塔、大东码头石牌。这三个新旧地标建筑见证了贵港的繁华，将三者融合在一个标志设计中，新老地标彰显城市魅力。

小技巧：

（1）在 Photoshop CC 2019 软件中可以利用参考线帮助我们精确地定位图像或元素，在输出和打印图像时参考线不会显示出来。可以对参考线做移动、删除和锁定操作。

（2）将光标移到两个图层中间并按住 Alt 键，在出现"创建剪贴蒙版"图标后单击鼠标左键即可创建剪贴蒙版。

二、工作检查

我的实际完成结果和理论结果比较，是否存在不足之处？如有，请分析原因。

_____

_____

_____

【知识链接】

1. 图形标志设计的基本方法

图形标志指运用图样图案进行设计的标志，具有某种特定的象征内涵，形象生动，记忆点深刻。图形标志既与标志所代表的事物特征相联系，又能有效地传递某种事物的特定理念。

图形标志是标志表现类型较常用的类型，表现形式分为具象表现形式和抽象表现形式两种。

1）具象表现形式

具象形标志是指使用写实的手法来表现物象的形态，它是高度概括与提炼出来的具象感的图形。通过对物象的浓缩与提炼，形成具有鲜明的形象和特征的同时突出和夸张物象本质，易于识别，意义明显。因为这类图形标志的具象图形源于我们的生活，所以更容易被理解和感受。

具象标志分为：人物造型表现形式、动物造型表现形式、植物造型表现形式、器物造型表现形式、自然造型表现形式等。

2）抽象表现形式

抽象形标志的表现形式包括圆形标志图形、方形标志图形、三角形标志图形等。为了使非形象性图像转化为可视性图形，设计者在设计创意时会将表达对象的特征部分抽象出来，并借助抽象性的点、线、面、体来构成象征性或模拟性的形象。从而以造型简洁、强烈的秩序感、现代感和视觉冲击力，给人留下深刻的印象。

2. 图形简化与衍生的创意方法

图形简化与衍生是现行的一种主要的设计趋势，简化的图形不仅可以快速传播，还能够作为海报、标志等作品的主体。图形简化与衍生同时也是一种比较好的图形创意方法，从简化的元素开始，通过组合与变化，添加陌生化和风格化，就能让图形衍生出非常多的创意形象了。以下将讲述图形简化与衍生的创意方法的四个步骤。

1）确定元素

图形简化开始需要确定基本元素，根据元素确定物体的种类。

如火龙果是水果中的一种，首先要确定它的基本元素，能清晰明确地分辨它是水果。水果由果实、种子、果叶组成，所以火龙果的基本元素是果实、种子、果叶，如图 2-37 所示。

图 2-37

2）找出特征

观察物体外观与内部构造，找出其重点特征，包括自身特征、状态特征、附加特征等方面。

火龙果的特征是粉绿配色、三角形叶子、椭圆身体、白色果肉和黑色果籽，如图 2-38 所示。

图 2-38

3）图形简化

将找出的物体特征进行图形简化，然后进行设计。

比如，可将火龙果的粉绿配色、三角形叶子、椭圆身体简化、组合，设计得到如图 2-39 所示的几何化风格的简化图形。

图 2-39

4）图形衍生

图形衍生是指将风格化、陌生化的图形进行调整。风格化指的是对简化后的图形进行多种风格设计；陌生化指的是改变其中的某个特定特征，将其创新为新的图形。

比如，可将火龙果的几何化风格改为手绘风格，如图 2-40 所示。

图 2-40

再比如，可将火龙果绿色的叶子变为黄色，如图 2-41 所示。

图 2-41

【思政园地】

荷花与城市的结缘

学生：老师，我发现很多城市都有市花，城市的市花是怎么来的呢？

老师：作为市花，通常是该城市常见的花卉品种，是一个城市的代表花卉。也会通过市民进行评选，评选出最具代表性的花卉。

学生：那评选出市花有什么作用吗？

老师：市花是城市形象的重要标志，代表一座城市独具特色的人文景观、文化底蕴、精神风貌，对提高城市知名度，增强城市综合竞争力有着重大意义。比如贵港市以荷花作为市花，可将廉洁教育深入人心，具有很好的社会意义。

学生：那除了我们贵港以荷花作为市花，也有别的城市将荷花作为市花吗？

老师：有的呀。比如湖北的孝感市，自古以来孝感城内野荷遍地，尤其以城西的莲花湖为最盛。"泮沼荷香"已成为孝感八景之一。还有江西的九江市，荷花与九江市渊源颇深，山有莲花峰，洞有莲花洞，庙有莲花驿寺，池有莲花池，佳作有《爱莲说》。

学生：还有这么多城市将荷花作为市花啊！可见人们对荷花有着深厚的喜爱之情！

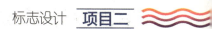

▶ 任务三 "贵港市东湖公园"标志设计

【工作情景描述】

贵港市东湖公园位于贵港市城区东面,是广西最大的内陆湖公园,同时也是自治区级风景名胜区。东湖公园文化旅游资源丰富,观赏价值和开发利用价值都很大。贵港东湖公园标志设计可以推进景区规范化管理,提升景区知名度,更好地传播贵港市东湖公园的魅力风光与历史文化。

本任务是设计一款公园景区标志,可广泛应用于项目徽标、宣传标牌、文创纪念品、宣传册等印刷制品,以及官方网站、微信公众号等线上平台。

请你根据贵港市东湖公园的背景,结合历史文化、地理位置、景点特色代表为设计要点进行"贵港市东湖公园"的标志设计。

【建议学时:6学时】

【学习结构】

【工作过程与学习活动】

学习活动 ② 工作实施

💡 学习目标

能根据既定的工作计划,通过小组合作方式,落实实施步骤。

建议学时:4 学时

⏰ 学习过程

一、工作实施步骤

扫码观看本案例视频　　扫码查看拓展案例

（1）启动 Photoshop CC 2019 软件,选择"文件"——"新建"命令（按下 Ctrl+N 组合键）,弹出"新建文档"窗口,新建一个"宽度"为 2000 像素,"高度"为 1500 像素,"分辨率"为 300 像素/英寸,"名称"为"贵港市东湖公园标志"的图像文件,单击"创建"按钮。

（2）在工具箱中选择"钢笔工具" （按下快捷键 P）,在属性栏中设置"选择工具模式"为形状,"填充颜色"为（RGB:126,206,244）,无描边,然后绘制图形,并将其置于适当位置,效果如图 2-42 所示。

（3）在工具箱中选择"椭圆工具" （按下快捷键 U）,在属性栏中设置"选择工具模式"为形状,"填充颜色"为白色,无描边。绘制 5 个椭圆形,并将其置于适当位置,如图 2-43 所示。选中以上绘制的图形所在图层,单击鼠标右键,在弹出的快捷菜单中选择"栅格化图层"命令,将其变为普通图层,再将其合并为一个图层。

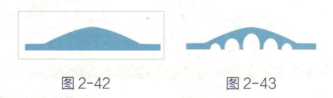

图 2-42　　　　　　　　图 2-43

（4）新建一个名为"飘带"的图层,在工具箱中选择"钢笔工具" （按下快捷键 P）,在属性栏中设置"选择工具模式"为形状,"填充颜色"为（RGB:126,206,244）,无描边。以贵港首字母的“G”为元素，绘制“飘带”图形，如图 2-44 所示。绘制图形后，可使用“转换点工具”调整形状。

（5）将“飘带”图层进行栅格化，然后在工具箱中选择“魔棒工具”（按下快捷键 W），使用“魔棒”选择“飘带”图形。在工具箱中选择“渐变工具”（按下快捷键 G），设置渐变颜色从（RGB：92，149，36）到（RGB：255，255，255），用鼠标在图像上以适当的角度拉动渐变操纵杆，效果如图 2-45 所示。然后按下 Ctrl+D 组合键取消选择，并将“飘带”置于适当位置，如图 2-46 所示。

图 2-44

图 2-45

图 2-46

（6）选择“文件”——“置入嵌入对象”命令，在弹出的“置入嵌入的对象”对话框中，找到“贵港市东湖公园标志”文件夹，选择“01 荷花仙子雕像.png”文件，单击“置入”按钮，然后将其置于适当位置。

（7）在工具箱中选择“钢笔工具”（按下快捷键 P），在属性栏中设置“选择工具模式”为形状，“填充颜色”为（RGB：235，104，119），无描边。沿着“01 荷花仙子雕像”图层中的荷花仙子边缘绘制图形，如图 2-47 所示。然后将其置于适当位置，如图 2-48 所示。

（8）参照步骤（7）的方法，继续使用“钢笔工具”沿着“01 荷花仙子雕像”图层中的莲花座边缘绘制图形，然后设置“填充颜色”为（RGB：242，155，118），无描边，效果如图 2-49 所示。接着将其置于适当位置，隐藏“01 荷花仙子雕像”图层，效果如图 2-50 所示。

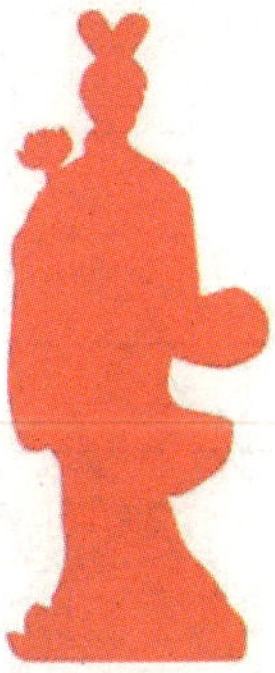
图 2-47

图 2-48

图 2-49

图 2-50

（9）使用“横排文字工具”（按下快捷键 T），输入“贵港市东湖公园”文字。在

"字符"面板中调整文字的属性，"字体"为华文隶书，"大小"为 45 点，"字体效果"为浑厚，"颜色"为（RGB：92，149，36），按下"回车键"确定。在工具箱中选择"移动工具"（按下快捷键 V）调整文字位置，如图 2-51 所示。

（10）使用同样的方法，输入"Guigang East Lake Park"文字。然后设置"字体"为微软雅黑，"大小"为 20 点，"字体效果"为浑厚，"颜色"为（RGB：92，149，36），按下"回车键"确定。在工具箱中选择"移动工具"（按下快捷键 V）调整文字位置。

（11）至此，"贵港市东湖公园标志"设计已全部完成，效果如图 2-52 所示。

图 2-51

图 2-52

温馨提示：

在标志设计中，文字内容的设计经常会选择应用中英文双语的形式，在"贵港市东湖公园"标志设计中也是如此。这使得标志更加国际化，有利于景区提升社会知名度和影响力。

小技巧：

在使用"钢笔工具"（快捷键为 P）时要注意曲线的角度和方向，它们是由两个锚点的调整线方向决定的，学会控制钢笔的手柄的有无、方向、角度，以及手柄的长短等，可以快速流畅地绘制图形。

二、工作检查

我的实际完成结果和理论结果比较，是否存在不足之处？如有，请分析原因。

_____

_____

_____

_____

【知识链接】

1. 图文组合标志设计的基本方法

图文组合标志是标志表现类型较常用的类型，指运用文字与图形结合的标志设计，兼具图形标志与文字标志两者属性的长处。

在图文组合标志中，文字和图形共同作为标志设计的两大重要元素。所以无论是图形元素还是文字元素，都必须准确无误地传递标志信息。

图文组合标志有两种设计方法，第一种是图文共生，另一种是文字图形化。图文共生是指标志中的图形和文字共用某一部分。例如中国银行的行标就是图文结合标志设计的典范，标志将中国银行的首字"中"的口部首和我国方孔古钱币巧妙地共生设计而成。古钱币图形是圆形的框线设计，中间方孔，上下加垂直线，成为"中"字的形状，整体外圆内方的形式寓意天圆地方，经济为本。此标志设计给人的感觉是简洁、稳重、易识别，寓意深刻，颇具中国传统风格。

文字图形化是把标志的全称或者名称中的关键文字，如首字、首字母等进行巧妙变形，设计成突出的关键图形元素。标志设计既可以是文字整体图形化，也可以是文字局部图形化。例如中国国际航空公司的标志就运用了字体图形化的设计手法，把英文"VIP"（尊贵的客人）三个字母进行艺术变形后，形成了腾飞的凤凰图案。凤凰是中国传统文化中的太阳之精，光明的使者，集美聚善、引领群伦，是人间祥瑞的象征。标志设计使用这一意象既突出了航空公司的行业可识别性，也寓意该企业将每一位旅客视为贵宾，提供最优质服务的诚意，带给人们吉祥与幸福的愿望。图文结合的标志可以有效地发挥图形和文字的艺术美。掌握好图文组合标志的设计原则与基本方法并加以实践，将会帮助我们设计出具有高度审美意蕴的标志作品。

"贵港市东湖公园"标志应用了图文共生的设计方法。其中，图形部分为组合结构，前部分图形为"荷花仙子"雕像的外观形态，描绘了贵港市东湖公园生机勃勃的景象，令标志简单易懂，使人产生对贵港市东湖公园深刻的印象。后部分是以贵港拼音首字母的"G"为元素而演变为绿色飘带形态图形，具有强烈的地域特征和文化内涵。最后部分为"白玉飞虹桥"演变的图形，强化了标志的可识别性和记忆性。文字部分为横排组合结构，由"贵港市东湖公园"与"Guigang East Lake Park"组成，象征着民族与国际的交融，使"贵港市东湖公园"标志起到更好的传媒作用。

2."贵港市东湖公园"标志设计中的色彩运用

冷暖色指的是色彩在心理上产生的冷热感觉。心理学上根据心理感觉，把颜色分为暖色调（红、橙、黄、棕）、冷色调（绿、蓝、紫）和中性色调（黑、灰、白）。色彩的冷暖感觉是我们在生活体验中由于联想而形成的。暖色调令人有热烈、兴奋、热情、温和的感觉，冷色调令人有镇静、凉爽、开阔、通透的感觉。而黑、白、灰等色给人的感觉是不冷不暖，将其称为中性色。色彩的冷暖感觉是相对的，在同类色彩中，含暖色调成分多的较暖，含冷色调成分多的较冷。

在"贵港市东湖公园"标志设计中,主色调运用粉色,粉色为暖色调,代表意义为青春、娇艳、明快等。辅助色运用绿色,绿色为冷色调,代表意义为清新、希望、舒适、环保、生机等。点缀色运用蓝色,蓝色也为冷色调,代表意义为自由、和平、宁静等。以上主色调、辅助色、点缀色和谐分布,冷暖色对比搭配恰当;产生强烈的色彩效果,使标志设计更为醒目,更富朝气活力。

所以在之后的其他标志设计中,也可在前期构思时根据品牌形象特点、文化理念等进行选择冷暖色设计,完成更具色彩审美性的标志。

【思政园地】

贵港市文化旅游发展

学生:老师,我们贵港的文化旅游景区发展得怎么样呢?

老师:贵港市在积极创建地域特色旅游品牌,大力打造旅游度假区、生态旅游示范区、全域旅游示范区、星级乡村旅游区、星级农家乐等多个旅游品牌,进一步深化、延长贵港市"旅游+" 产业链,丰富旅游产品,硕果累累。

学生:老师,我们贵港市有哪些旅游景点?

老师:我们以"绿水青山"为理念,连点成线构建起"一山一湖一瀑布"(平天山、九凌湖、龙涡瀑布)、"三园一馆一古城"(荷美覃塘园、园博园、南山公园、自然博物馆、桂林古郡)、"一峡一址一西山"(大藤峡景区、太平天国金田起义旧址、西山景区)、"南雄北帝一古镇"(雄森动物大世界、北帝山景区、大安古镇)等一系列具有贵港特色的自然人文旅游景点。

学生:那我们为什么要发展文化旅游呢?

老师:因为发展文化旅游,有利于加快产业发展,提升文化自信力,以推进供给侧改革、创新融合发展为动力,全面实施"文化兴市" 战略,培育壮大文化企业、繁荣活跃文化市场。

学生:噢!我也要多到我们贵港文化旅游景点参观,感受我们家乡特色的自然人文风光!

▶ 课堂练习——藕妹店标设计

【技术点拨】使用"钢笔工具"分别绘制头部、脸部图形，使用"椭圆工具""钢笔工具"绘制眼部、耳部、鼻子、嘴巴，使用"横排文字工具"输入文本。效果如图2-53所示。

【效果图所在位置】

扫码观看本案例视频

图 2-53

▶ 课后习题——"荷美堂"常规店招设计

【技术点拨】使用"矩形工具""椭圆工具"绘制店标效果，使用"圆角矩形工具"绘制圆角矩形，使用"横排文字工具"输入文本，使用"置入嵌入对象"命令置入对象。效果如图2-54所示。

【效果图所在位置】

扫码观看本案例视频

图 2-54

项目三

插画设计

　　插画原指穿插在书籍中的"画"，是附着于书籍当中的具有说明性的配图。但随着现代科技和商业的发展，运用平面媒体及软件来设计、制作的电子插画、广告插画等也应运而生。一个完整的插画设计是把各类语言文字、艺术家对世界观人生观的认识、艺术美学的观念等转化为平面作品的一个转变过程。新世纪之后，插画设计的表现内涵飞速拓展，插画在我们生活中也随处可见。在乡村振兴中，插画设计有着重要作用，是参与美丽乡村建设的重要路径。

　　在本项目中，我们将利用 Photoshop CC 2019 软件的各种功能，根据插画设计的基本原则和设计要素进行创意设计与构思，完成"荷花展吉祥物""贵港——荷城乡村振兴"插画的设计与制作。从而掌握利用 Photoshop CC 2019 软件进行插画设计的方法与技巧。

学习目标

（1）了解插画设计的概念。

（2）掌握常见插画风格。

（3）掌握三分法构图。

（4）掌握插画设计常用的色彩搭配。

（5）掌握设计吉祥物的形体比例。

（6）掌握多种元素的设计构图技巧。

项目分解

任务一　"荷花展吉祥物"插画设计

任务二　"贵港——荷城乡村振兴"插画设计

任务效果图展示（见图 3-1、图 3-2）

图 3-1

图 3-2

▶ 任务一　"荷花展吉祥物"插画设计

【工作情景描述】

为促进贵港经济及特色旅游发展，发挥生态旅游、民俗文化特色优势，不断满足群众对近郊生态观光旅游的需求，贵港市第六届荷花节筹备组将举办第六届荷花旅游文化节，现面向全社会征集具有代表性的吉祥物插画设计。

请你根据此征集活动的背景，进行"荷花展吉祥物"插画设计。

【建议学时：6 学时】

【学习结构】

【工作过程与学习活动】

学习活动2　工作实施

学习活动1　工作准备　　　　　　　　　　学习活动3　总结与评价

学习活动 ② 工作实施

💡 学习目标

能根据既定的工作计划，通过小组合作方式，落实实施步骤。

建议学时：4 学时

⏰ 学习过程

一、工作实施步骤

扫码观看本案例视频　　扫码查看拓展案例

（1）启动 Photoshop CC 2019 软件，选择"文件"——"新建"命令（按下 Ctrl+N 组合键），弹出"新建文档"窗口，新建一个"宽度"为 29.7 厘米，"高度"为 21 厘米，"分辨率"为 300 像素/英寸，"名称"为"荷花展吉祥物"的图像文件，单击"创建"按钮。

（2）在工具箱中选择"椭圆工具" ⬭（按下快捷键 U），在属性栏中设置"选择工具模式"为形状，"填充颜色"为（RGB：253，241，213），"描边颜色"为（RGB：228，0，127），"描边大小"为 15 像素，绘制椭圆作为脸部。

（3）在工具箱中选择"添加锚点工具" ✐（按下快捷键 P），直接在椭圆形上单击添加锚点。然后结合使用"转换点工具" ⬚，拖曳操纵杆调整锚点的位置，从而调整脸部形状，效果如图 3-3 所示。

（4）与绘制脸部形状操作相同，用同样的方法绘制耳朵部分。在工具箱中继续选择"钢笔工具" 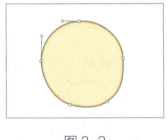（按下快捷键 P），在属性栏中设置"选择工具模式"为形状，无填充色，"描边颜色"为（RGB：228，0，127），"描边大小"为 10 像素，然后绘制耳朵耳蜗部分，效果如图 3-4 所示。

图 3-3

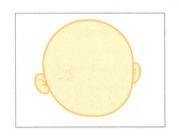

图 3-4

（5）在"图层"面板中单击"创建新组"按钮 ，新建一个名为"眼睛"的图层组。选择"椭圆工具"（按下快捷键 U），在属性栏中设置"选择工具模式"为形状，"填充颜色"为白色，"描边颜色"为黑色，"描边大小"为 10 像素，然后绘制眼睛眼白部分，将该形状图层命名为"眼白"，如图 3-5 所示。

（6）在"图层"面板中单击选择"眼白"图层，按下 Ctrl+J 组合键复制图层并修改图层名称为"瞳孔"。然后按下 Ctrl+T 组合键打开自由变换命令，对图像的大小进行等比例缩放，接着为其填充黑色到白色的渐变色，绘制的眼睛瞳孔部分效果如图 3-6 所示。

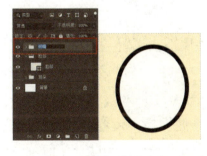

图 3-5

图 3-6

（7）在"图层"面板中单击选择"眼白"图层，按下 Ctrl+J 组合键复制图层并修改图层名称为"黑眼球"，然后按下 Ctrl+T 组合键打开自由变换命令，对图像的大小进行等比例缩放，接着为其填充黑色，绘制眼睛黑眼球部分，效果如图 3-7 所示。

（8）使用"椭圆工具"（按下快捷键 U），在属性栏中为其设置灰色到白色的渐变色，无描边色，然后绘制正圆作为眼睛高光效果，将该形状图层命名为"高光"，如图 3-8 所示。

图 3-7

图 3-8

（9）使用"钢笔工具" （按下快捷键 P），结合使用"转换点工具"，拖曳操纵杆调整锚点的位置，绘制眉毛。使用同样的方法绘制第二根睫毛与眉毛，并调整图层位置，将该形状图层命名为"睫毛"，效果如图 3-9 所示。

（10）单击"眼睛"图层组，按下 Ctrl+J 组合键复制"眼睛"图层组，将复制得到的"眼睛 拷贝"图层组水平移动到右眼的位置，按下 Ctrl+T 组合键，然后水平翻转眼睛的角度，效果如图 3-10 所示。

图 3-9

图 3-10

（11）使用"椭圆工具"（按下快捷键 U），在属性栏设置"选择工具模式"为形状，无填充颜色，"描边颜色"为肤色（RGB：253，241，213），"描边大小"为 5 像素。然后绘制鼻子，并将该形状图层命名为"鼻子"，效果如图 3-11 所示。

（12）使用"钢笔工具"（按下快捷键 P），在属性栏中设置"选择工具模式"为形状，"填充颜色"为洋红色（RGB：255，0，162），"描边颜色"为肤色（RGB：242，154，118），"描边大小"为 5 像素，开始绘制嘴巴。可使用"转换点工具"调整嘴巴的形状，效果如图 3-12 所示，并将该形状图层命名为"嘴巴"。

（13）在"图层"面板中选择"嘴巴"图层，按下 Ctrl+J 组合键复制图层，将复制图层命名为"舌头"。然后绘制舌头，结合使用"转换点工具"调整舌头的形状，并为其修改"填充颜色"为浅粉色，效果如图 3-13 所示。

（14）使用"钢笔工具"（按下快捷键 P），在属性栏中设置"选择工具模式"为形状，无填充颜色，"描边颜色"为肤色，"描边大小"为 5 像素，然后调整绘画路径，绘制两侧嘴角上扬效果，如图 3-14 所示，并将该形状图层命名为"嘴角"。

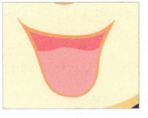
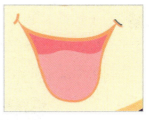

图 3-11　　　　　　图 3-12　　　　　　图 3-13　　　　　　图 3-14

（15）在"图层"面板中单击"创建新图层"按钮 ，将新图层命名为"头发"。使用"钢笔工具" （按下快捷键 P），在属性栏中设置"选择工具模式"为形状，"填充颜色"为牡丹红（RGB：252，114，252），"描边颜色"为洋红色（RGB：228，0，127），"描边大小"为 15 像素。然后将绘画路径调整成头发的形状，效果如图 3-15、图 3-16 所示，并将形状图层分别命名为"头发 1""头发 2"。

（16）使用"椭圆工具" （按下快捷键 U），在属性栏中设置"填充颜色"为黄色（RGB：255，241，0），"描边颜色"为橘黄色（RGB：243，151，0），"描边大小"为 15 像素。然后创建椭圆，将该形状图层命名为"发圈"。调整"发圈"图层在"头发"下方图层，接着绘制辫子发圈效果，如图 3-17 所示。

（17）选择"椭圆工具" （按下快捷键 U），在属性栏中设置"填充颜色"为牡丹红（RGB：252，114，252），"描边颜色"为洋红色（RGB：228，0，127），"描边大小"为 15 像素。然后创建椭圆，将该形状图层命名为"辫子"。调整"辫子"图层位置，接着用同样的方法绘制出整个辫子效果，如图 3-18 所示。

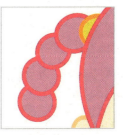

图 3-15　　　　　　图 3-16　　　　　　图 3-17　　　　　　图 3-18

（18）绘制第二个发圈。可以按下 Ctrl+J 组合键复制第一个发圈效果，然后再按下 Ctrl+T 组合键，调整发圈大小并将其移动到合适的位置。接着继续使用椭圆工具绘制发尾，结合使用"转换点工具" 调整图形的形状，如图 3-19 所示。

（19）将所有绘制的辫子图层放置到"辫子"图层组中，如图 3-20 所示。

（20）绘制另一侧的辫子。选择"辫子"图层组，按下 Ctrl+J 组合键进行复制，然后对其水平翻转，并移动位置，绘制成辫子的整体效果，如图 3-21 所示。

（21）在"图层"面板中单击"创建新组"按钮 ，命名为"发饰"。选择"钢笔工具"

(按下快捷键 P), 在属性栏中设置"选择工具模式"为形状,"填充颜色"为黄色 (RGB: 255, 241, 0),"描边颜色"为橘黄色 (RGB: 244, 158, 8),"描边大小"为 7 像素。然后绘制头顶发饰底部, 并将该形状图层命名为"发饰底部", 效果如图 3-22 所示。

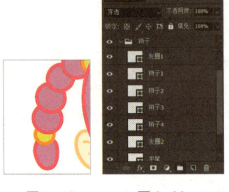

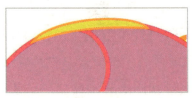

图 3-19   图 3-20   图 3-21   图 3-22

(22) 继续使用"钢笔工具" (按下快捷键 P), 在属性栏中设置"选择工具模式"为形状,"填充颜色"为黄色 (RGB: 255, 241, 0),"描边颜色"为 (RGB: 244, 158, 8),"描边大小"为 5 像素。然后绘制发饰支撑顶部部分, 使用"转换点工具" 调整图形的形状, 效果如图 3-23 所示, 并将该形状图层命名为"发饰支撑"。使用"椭圆工具" (按下快捷键 U), 在属性栏中设置"填充颜色"为黄色 (RGB: 255, 241, 0),"描边颜色"为橘黄色 (RGB: 244, 158, 8),"描边大小"为 5 像素。接着绘制顶部的发饰, 效果如图 3-24 所示。

(23) 分别将发饰支撑顶部部分与顶部的发饰进行复制, 选中复制的对象, 然后按下 Ctrl+T 组合键将复制的对象进行水平翻转, 并将其移动至合适的位置。使用同样的方法绘制出整个发饰, 效果如图 3-25 所示。接着将所有的发饰图层放置到"发饰"图层组中, 如图 3-26 所示。

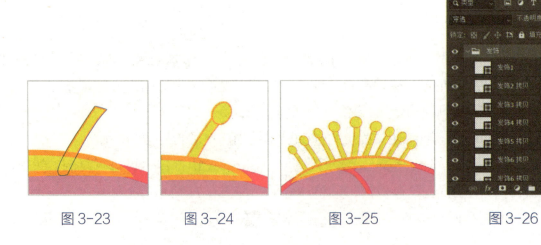

图 3-23   图 3-24   图 3-25   图 3-26

（24）继续使用"钢笔工具" （按下快捷键 P）绘制身体部分，此操作与绘制脸部的步骤、填充颜色设置相同，绘制效果如图 3-27 所示，然后将该形状图层命名为"身体"。

（25）继续使用"钢笔工具" （按下快捷键 P），在属性栏中设置"选择工具模式"为形状，"填充颜色"为宝蓝色（RGB：0，0，255），"描边颜色"为暗蓝色（RGB：29，32，136），"描边大小"为 15 像素，绘制上衣部分。衣领颜色与上衣相同，"描边大小"为 10 像素，然后绘制衣领部分。结合使用"转换点工具" 调整上衣与衣领的形状，效果如图 3-28 所示，并将该形状图层命名为"上衣"。

（26）继续使用"钢笔工具" （按下快捷键 P），在属性栏中设置"选择工具模式"为形状，"填充颜色"为牡丹红（RGB：252，114，252），"描边颜色"为洋红色（RGB：228，0，127），"描边大小"为 15 像素，然后绘制裙子形状，并将该形状图层命名为"裙子"。结合使用"转换点工具" ，将绘画路径调整成第一层裙摆的形状，如图 3-29 所示。用同样的方法绘制第二层裙子，"填充颜色"为白色。接着绘制第三层裙子，第三层裙子填充颜色与上衣填充颜色相同，效果如图 3-30 所示。

图 3-27

图 3-28

图 3-29

图 3-30

（27）继续使用"钢笔工具" （按下快捷键 P），绘制衣服和裙子的装饰，在属性栏中设置"填充颜色"为白色，绘制第一个装饰条。然后再绘制第二个装饰条，第二个装饰条"填充颜色"为洋红色，结合使用"转换点工具" ，调整绘制路径，效果如图 3-31 所示，并将该形状图层命名为"衣服装饰"。

（28）继续使用"钢笔工具" （按下快捷键 P），在属性栏中设置"选择工具模式"为形状，无填充颜色，"描边颜色"为暗蓝色（RGB：29，32，136），"描边大小"为 25 像素。然后绘制衣服开衫中线，效果如图 3-32 所示，并将该形状图层命名为"衣服开衫中线"。

（29）新建一个名为"纽扣装饰"图层组。继续使用"钢笔工具" （按下快捷键 P），在属性栏中设置"选择工具模式"为形状，无填充颜色，"描边颜色"为黄色（RGB：255，241，0），"描边大小"为 20 像素。然后绘制衣服连接纽扣的两端装饰，并将该形状图层命名为"纽扣装饰"。

（30）单击"图层"面板左下方"添加图层样式"按钮 ，在弹出的下拉列表中选择"描边"选项，在弹出的对话框中设置"大小"为 3 像素，"位置"为内部，"混合模式"为正常，"不透明度"为 100%，"颜色"为（RGB：242，154，118），得到如图 3-33 所示的效果。

（31）选择"椭圆工具" 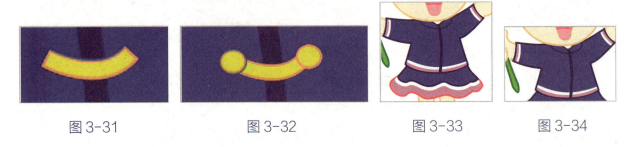（按下快捷键 U），在属性栏中设置"填充颜色"为黄色（RGB：255，241，0），"描边颜色"为黄色（RGB：255，241，0），"描边大小"为 3 像素。然后绘制衣服第一个纽扣，并将该形状图层命名为"纽扣"。按下 Ctrl+J 组合键复制"纽扣"图层，并将其移动到合适的位置，效果如图 3-34 所示。

| 图 3-31 | 图 3-32 | 图 3-33 | 图 3-34 |

（32）将所有绘制有纽扣的图层放置到"纽扣装饰"图层组中，再按下 Ctrl+J 组合键复制"纽扣装饰"图层组，然后移动所复制的图层组中的图形到合适的位置，制作剩余的纽扣效果，如图 3-35 所示。

（33）选择"钢笔工具" （按下快捷键 P），在属性栏中设置"选择工具模式"为形状，"填充颜色"为从浅绿色到深绿色再到浅绿色的渐变，"描边颜色"为深绿色，"描边大小"为 18 像素。然后绘制荷叶形状，结合使用"转换点工具" ，调整荷叶形状，效果如图 3-36 所示，并将该形状图层命名为"荷叶"。

（34）选择"椭圆工具" （按下快捷键 U），在属性栏中设置"选择工具模式"为形状，"填充颜色"为深绿色（RGB：0，153，68），然后绘制荷叶中间颜色较深的部分，如图 3-37 所示，并将该形状图层命名为"荷叶暗部"。

（35）使用"钢笔工具" （按下快捷键 P），在属性栏中设置"选择工具模式"为形状，无填充颜色，"描边颜色"为草绿色（RGB：154，224，4），"描边大小"为 15 像素，然后绘制荷叶叶脉部分。结合使用"转换点工具" ，调整路径，绘制荷叶所有的叶脉，如图 3-38 所示，并将该形状图层命名为"叶脉"。

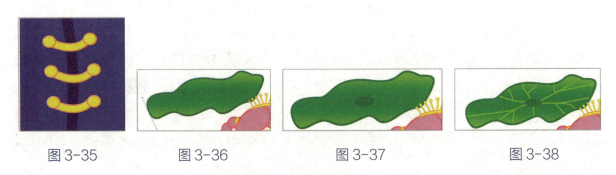

| 图 3-35 | 图 3-36 | 图 3-37 | 图 3-38 |

（36）继续使用"钢笔工具" （按下快捷键 P），在属性栏中设置"选择工具模式"为形状，"填充颜色"为浅绿色（RGB：143，195，31），"描边颜色"为深绿色（RGB：0，153，68），"描边大小"为 15 像素。然后绘制荷叶的梗，并结合使用"转换点工具" ，

调整路径，效果如图 3-39 所示，并将该形状图层命名为"荷叶梗"。

（37）继续使用"钢笔工具"　■（按下快捷键 P），绘制被荷叶梗遮挡部分的手，并设置其填充颜色与描边颜色，具体参数与身体的填充颜色、描边颜色、描边大小参数相同，如图 3-40 所示，最后将该形状图层命名为"手"。

（38）至此，"荷花展吉祥物"插画设计制作完成，最终效果如图 3-41 所示。

图 3-39　　　　　　　　图 3-40　　　　　　　　图 3-41

温馨提示：

"钢笔工具"属于矢量绘图工具，其优点是可以勾画平滑的曲线，在缩放或变形之后仍能保持平滑效果。"钢笔工具"画出来的矢量图形称为路径，路径是矢量的路径，一般是不封闭的开放状，如果把起点与终点重合绘制就可以得到封闭的路径。

小技巧：

在使用"钢笔工具"（快捷键为 P）时，单击画布可创建笔直的路径线段，单击并拖曳可创建贝兹曲线路径。使用"转换点工具"时应当按住【Alt】键，再按住鼠标左键在锚点上拖曳，这样可以只调整一侧的控制杆，而不影响另一侧已经调节好的路径效果。

二、工作检查

我的实际完成结果和理论结果比较，是否存在不足之处？如有，请分析原因。

_____

_____

_____

_____

_____

_____

【知识链接】

1. 吉祥物的形体比例

在卡通人物中小孩子的头部较大，身长一般为三到四个头高。成年人人体立姿为七个头高（立七），坐姿为五个头高（坐五），蹲姿为三个半头高（蹲三半），立姿手臂下垂时，指尖位置在大腿二分之一处。老年人由于骨骼收缩，较成年人略小一些，在画老年人时，应注意头部与双肩略靠近一些，腿部稍有弯曲。在设计绘画吉祥物时，为了表现人体的美，经常采用一些夸张的画法，也就是在适当的部位做一些变形处理，比如常会运用一些夸张手法将人物的身材拉长，但变形是建立在人体基本结构基础上的。

2. 吉祥物设计的基本色彩运用技巧

1）依据行为主体目标的特性明确颜色

吉祥物设计是为宣传策划行为主体的目标服务的，因此吉祥物设计颜色的明确，要把握住最能够表现其行为主体特性的颜色。

2）吉祥物设计的色彩要冷、暖兼具

色彩、纯净度、色度是颜色的三大特性。色彩指颜色的长相。在设置吉祥物的颜色时，一定要考虑到冷、暖兼具，既要有邻近色或对比色出现，也要寻找中间的关联，打开颜色间距，达到比照明显，便于记忆的效果。

3）色彩的饱和度要保持距离

饱和度就是指颜色的纯净度和色度，吉祥物设计色彩纯度要饱和、状态艳丽，便于鉴别。色度要保持"距离"。

【思政园地】

聊一聊如何保护自己的原创作品

学生：我做了一个吉祥物的玩具，可以申请版权吗？或者该怎么保护我的作品？

老师：你可以去申请专利，专利分发明专利、实用新型专利、外观设计专利。

学生：那我这个属于哪个类型的专利？

老师：你的作品属于专利里的外观设计专利。

学生：我该怎样去申请呢？具体申请有哪些流程？

老师：如果方便携带的话，最好带着所需物品到当地的专利所去办理就可以了，其他的事交给专利所处理。不同的地方收费标准不太一样，办理申请专利收费不会超过1000元，政府还会提供补助和鼓励政策。补助要等受理通知书下来后再去办理。

学生：老师，这要等多长时间？

老师：一般情况下8个月内就会授权，保护时间为10年。当然你可以提前放弃专利权，因为专利费用减缓只有3年期限，以后的几年要实打实地交年费。

学生：谢谢老师的解答，看来我也要去申请一下专利。

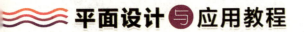

▶ 任务二 "贵港——荷城乡村振兴"插画设计

【工作情景描述】

　　乡村振兴战略关系到农业农村现代化的实现，关系到社会主义现代化的全面实现，关系到第二个百年奋斗目标的实现。因此，包括产业振兴、人才振兴、文化振兴、生态振兴、组织振兴在内的乡村全面振兴，对于全面建设社会主义现代化国家具有全局性和历史性意义。

　　请你根据乡村振兴战略规划的背景，结合本土文化，深挖农耕文化蕴含的人文精神，然后进行"贵港——荷城乡村振兴"插画设计创作，并使其服务于乡村振兴建设中。

【建议学时：8 学时】

【学习结构】

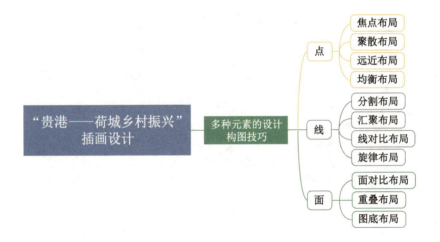

【工作过程与学习活动】

学习活动1　工作准备　　　学习活动2　工作实施　　　学习活动3　总结与评价

学习活动 ② 工作实施

💡 学习目标

能根据既定的工作计划，通过小组合作方式，落实实施步骤。

建议学时：6 学时

⏰ 学习过程

一、工作实施步骤

扫码观看本案例视频　　扫码查看拓展案例

（1）启动 Photoshop CC 2019 软件，选择"文件"——"新建"命令（按下 Ctrl+N 组合键），弹出"新建文档"窗口，新建一个"宽度"为 500 毫米，"高度"为 300 毫米，"分辨率"为 300 像素/英寸，"名称"为"贵港荷城乡村振兴插画"的图像文件，单击"创建"按钮。

（2）新建一个名为"背景"的图层。在工具箱中选择"矩形工具" ▢（按下快捷键 U），绘制一个与画布同等大小的矩形。并填充其颜色为（RGB：189，226，226）。

（3）在工具箱中使用"钢笔工具" ✐（按下快捷键 P），在属性栏中设置"选择工具模式"为形状，"填充颜色"为（RGB：0，112，94），然后绘制"山形"，并将其置于适当位置，如图 3-42 所示。

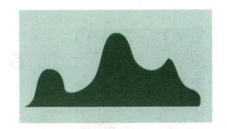

图 3-42

（4）使用同样的绘制方式在画布上绘制第二个"山形"，设置"填充颜色"为（RGB：0，89，114），并将其置于适当位置，如图 3-43 所示。其余的"山形"可用同样的绘制方法，按照色标图所示填充颜色，如图 3-44 所示。其中左侧三个"山形"与右侧三个"山形"为相同形状，在绘制好左侧三个"山形"后，选取左侧三个"山形"，按下 Ctrl+C 组合键，复制图形，按下 Ctrl+V 组合键粘贴图形，然后在复制过来的图形上单击鼠标右键，在弹出的快捷菜单中选择"水平翻转"，将其置于另一侧位置即可，效果如图 3-45 所示。最后选择所有的"山形"图层，按下 Ctrl+G 组合键将图层组合，并命名图层组为"山川"。

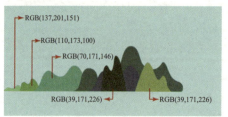

图 3-43   图 3-44   图 3-45

（5）选择"山川"图层组，按下 Ctrl+J 组合键，将其拷贝到新的图层组。选择新的图层组后，单击鼠标右键，在弹出的快捷菜单中选择"合并组"命令将图层组合并，并命名为"倒影"。按下 Ctrl+T 组合键打开自由变换命令，单击鼠标右键选择"垂直翻转"，效果如图 3-46 所示。

（6）在工具箱中选择"快速选择工具" ，使用该工具选择"倒影"图层中的所有图形，在工具箱中选择"渐变工具" ，设置渐变颜色从（RGB：146，195，139）到（RGB：197，223，179），在图像适当的角度拉动渐变操纵杆，效果如图 3-47 所示，按下 Ctrl+D 组合键取消选区。

（7）选择"滤镜"——"模糊"——"方框模糊"命令，在弹出的"方框模糊"对话框中设置"半径"为 20 像素，"倒影"的"方框模糊"滤镜制作完成，并将"倒影"置于适当的位置，效果如图 3-48 所示。

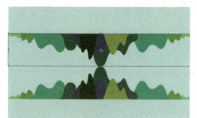
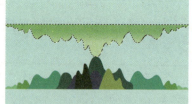

图 3-46   图 3-47   图 3-48

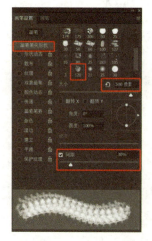

图 3-49

（8）新建一个名为"云雾"的图层。在工具箱中选择"画笔工具" ，再选择"窗口"——"画笔设置"命令（按下快捷键 F5），在弹出的"画笔设置"对话框中的"画笔笔尖形状"选项中选择"样本画笔 116"，并设置"大小"为 500 像素，"间距"为 30%，如图 3-49 所示。然后在画布中使用布点的方法绘制"云雾"效果，绘制完成后将"云雾"图层置于"山川"图层下，如图 3-50 所示。

（9）在工具箱中使用"钢笔工具" ，在属性栏中设置"选择工具模式"为形状，"填充颜色"为白色，然后绘制"白云"，并将其置于适当位置，如图 3-51 所示。

图 3-50　　　　　　　　　　　　图 3-51

（10）在工具箱中使用"橡皮擦工具" （按下快捷键 E），选择"窗口"——"画笔设置"命令（按下快捷键 F5），在弹出的"画笔设置"对话框中的"画笔笔尖形状"选项中选择"样本画笔 2"，并设置"大小"为 50 像素，"间距"为 1%，如图 3-52 所示。然后使用布点的方法擦除白云底部，最后选择所有的"白云"图层，按下 Ctrl+G 组合键组合图层，并命名为"白云"，效果如图 3-53 所示。

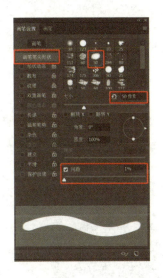

图 3-52　　　　　　　　　　　　图 3-53

（11）在工具箱中选择"钢笔工具" （按下快捷键 P），在属性栏中设置"选择工具模式"为形状，绘制"村居"。然后按照色标图所示填充颜色，如图 3-54 所示。最后选择所有的"村居"图层，按下 Ctrl+G 组合键组合图层，并命名为"村居"，将其置于适当位置，如图 3-55 所示。

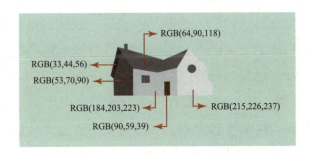

图 3-54　　　　　　　　　　　　图 3-55

（12）在工具箱中使用"椭圆工具" （按下快捷键 U），在属性栏中设置"选择工具模式"为形状，"填充颜色"为（RGB：51，106，98），按住 Shift 键绘制一个正圆图形。将正圆所在图层进行栅格化后，在工具箱中使用"矩形选框工具" ，框选正圆图形的下半部分，然后使用 Delete 键进行删除，如图 3-56 所示，按下 Ctrl+D 组合键取消选区。

（13）使用同样的绘制方式在画布上绘制其余的椭圆，按照色标图所示填充颜色，如图 3-57 所示。最后选择所有的"椭圆"图层，按下 Ctrl+G 组合键组合图层，命名为"草丛"，并将其置于适当位置，效果如图 3-58 所示。

图 3-56

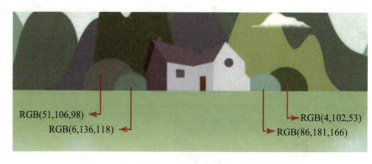

RGB(51,106,98)
RGB(6,136,118)
RGB(4,102,53)
RGB(86,181,166)

图 3-57

（14）在工具箱中使用"钢笔工具" （按下快捷键 P），在属性栏中设置"选择工具模式"为形状，"填充颜色"为（RGB：87，138，70），绘制"树叶"；设置"填充颜色"为（RGB：48，27，17），绘制"树干"。最后选择所有的"树叶""树干"图层，按下 Ctrl+G 组合键组合图层，命名为"树木"，并将其置于适当位置，效果如图 3-59 所示。

图 3-58

图 3-59

（15）在工具箱中使用"钢笔工具" （按下快捷键 P），在属性栏中设置"选择工具模式"为形状，"填充颜色"为（RGB：217，123，175），绘制"荷花"，如图 3-60 所示。在工具箱中使用"椭圆工具" （按下快捷键 U），在属性栏中设置"选择工具模式"为形状，"填充颜色"为（RGB：48，125，93），绘制"荷叶"，如图 3-61 所示。

（16）选择"移动工具" ，并按住 Alt 键，分别将"荷花"图层和"荷叶"图层拖曳至适当的位置，完成"荷花""荷叶"的复制，并调整其大小，如图 3-62 所示。最后选择所有的"荷花""荷叶"图层，按下 Ctrl+G 组合键组合图片，命名为"荷塘"。

图 3-60

图 3-61

图 3-62

（17）选择"文件"——"置入嵌入对象"命令，在弹出的"置入嵌入的对象"对话框中，找到"贵港荷城乡村振兴插画"文件夹，选择"01 读书的女孩.png"文件，单击"置入"按钮，并将其置于适当位置，如图 3-63 所示。

（18）对置入的图层进行栅格化后，在工具箱中选择"魔棒工具" ![](按下快捷键 W），使用"魔棒"反选"读书的女孩"图像，在工具箱中选择"渐变工具" ![](按下快捷键 G），设置渐变颜色从（RGB：219，224，173）到（RGB：149，232，224），在图像上以适当的角度拉动渐变操纵杆。然后按下 Ctrl+D 组合键取消选区，并将女孩图像置于适当位置，效果如图 3-64 所示。

图 3-63

图 3-64

（19）参照步骤（17）的方法，置入"02 丰收的农夫.png"文件，并将其置于适当位置，如图 3-65 所示。

（20）对置入的图层进行栅格化后，使用与"读书的女孩"同样的渐变绘制方式，在画布上绘制"丰收的农夫"渐变效果。然后将其置于适当位置，并删除多余的部分，效果如图 3-66 所示。

图 3-65

图 3-66

（21）在工具箱中选择"钢笔工具" （按下快捷键 P），在属性栏中设置"选择工具模式"为形状，"填充颜色"为（RGB：32，35，40），绘制"燕子"，如图 3-67 所示。并将其置于适当位置，如图 3-68 所示。

图 3-67

图 3-68

（22）参照步骤（17）的方法，置入"03 柳枝.png"文件，并将其置于适当位置，如图 3-69 所示。

（23）使用"横排文字工具" T （按下快捷键 T），输入文字"乡村振兴战略"。选中文字后，在"字符"面板中调整文字的属性，设置"字体"为华文隶书，"大小"为 110 点，"字距"为 280 点，"字体效果"为浑厚，颜色为（RGB：0，0，0），按下"回车键"确定。然后将其置于合适的位置，如图 3-70 所示。

图 3-69

图 3-70

（24）对"乡村振兴战略"文字进行栅格化后，在工具箱中选择"魔棒工具" （按下快捷键 W），使用"魔棒"依次选择单个文字，在工具箱中选择"渐变工具" （按下快捷键 G），设置渐变颜色，如图 3-71 所示。在图像上以适当的角度拉动渐变操纵杆，然后按下 Ctrl+D 组合键取消选区，并将其置于适当位置，效果如图 3-72 所示。

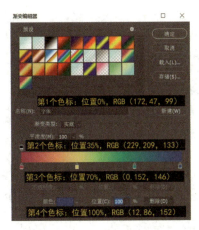

图 3-71

图 3-72

（25）在工具箱中选择"魔棒工具" ![icon]（按下快捷键 W），使用"魔棒"选择文字，然后选择"编辑"——"描边"命令，在弹出的"描边"对话框中，设置"宽度"为 10 像素，"描边颜色"为（RGB：219，224，174），"位置"为居外，单击"确定"按钮，如图 3-73 所示。按下 Ctrl+D 组合键取消选区，效果如图 3-74 所示。

图 3-73

图 3-74

（26）使用"横排文字工具" ![icon]（按下快捷键 T），输入文字"深化农村改革 促进农业发展"。选中文字后，在"字符"面板中调整文字的属性。设置"字体"为方正粗黑宋简体，"大小"为 52 点，"字体效果"为浑厚，"颜色"为（RGB：1，113，94），按下"回车键"确定。然后将其置于适当位置，效果如图 3-75 所示。

（27）使用"横排文字工具" ![icon]（按下快捷键 T），输入文字"产业振兴 人才振兴 文化振兴 生态振兴 组织振兴"。选中文字后，在"字符"面板中调整文字的属性，设置"字体"为方正粗黑宋简体，"大小"为 43 点，"字体效果"为浑厚，颜色为（RGB：70，171，146），按下"回车键"确定。然后将其置于适当位置，如图 3-76 所示。

图 3-75

图 3-76   图 3-77

（28）参照步骤（17）的方法，置入"04 贵港荷城标志.psd"文件，并将其置于适当位置。至此，"贵港荷城乡村振兴"插画设计已完成，最终效果如图 3-77 所示。

温馨提示：

在进行插画设计时，可充分发挥想象力、创造力，力争将故事内容和精神内涵充分体现在画面中。特别注意元素应用要符合国家相应的法规，禁止含有淫秽色情、宣扬暴力、教唆犯罪、违背社会公德等内容。

小技巧：

"画笔工具"（快捷键为 B）中的笔刷是软件预设的一些图样，可以画笔的形式直接使用。如果软件自带的画笔中没有想要的画笔图样，可从网上下载新的画笔，并进行导入。

二、工作检查

我的实际完成结果和理论结果比较，是否存在不足之处？如有，请分析原因。

_____

_____

_____

【知识链接】

任何设计图的布局都是从空白的"画纸"开始的。当我们把视觉元素加入空白"画纸"里时，作为作品信息的载体，不单单是插画设计，包括任何的视觉传达设计，在构图上最关键的有三个要点：一是构图的质量，二是元素与主题的联系，三是元素与元素间的关系。以下以点线面元素为例，概括设计构图布局中常用的技巧。

1. 点

点是线的开端，点表示视觉的中心点。点在我们的概念中多是圆形，但在设计构图中方形、三角形、多边形，以及不规则的形状等都可以表现为点。点在构图中是最基本的形态，具有焦点性、聚散性、远近性、均衡性等基本特性，示例如图 3-78 所示。

图 3-78

1）焦点布局

点的焦点性是指在画面中引起人们注意，在画面空间中具有张力性。在设计构图中，我们可以利用点的焦点性来进行构图，把主体元素放于接近画面中心的位置进行构图，并利用色彩明暗等对比来突出主体的焦点性，示例如图3-79所示。

图 3-79

2）聚散布局

点的聚散是以最少两点为基本单位的，点越多聚集感越强。点的疏散和聚集是相对的，点的虚实、疏散整齐、均衡、重复、变异都能组成作品的不同构图和不同风格，示例如图3-80所示。

图 3-80

3）远近布局

画面中的点作为构图的基本元素也存在着大小的变化。两个或两个以上的点，并具有大小变化，就会在视觉上给人以远近空间感，大的点感觉较近，小的点感觉较远，充分表现出空间感，示例如图3-81所示。

图 3-81

4）均衡布局

在构图中几个点同时在画面中出现，按聚散、呼应等关系排列可起到平衡画面的作用。可以将两个不同形状的点，通过不同的形状和不同的位置，使两个点产生呼应，从而达到画面构图的均衡，示例如图3-82所示。

图 3-82

2. 线

线是由无数个点连接而成的。在构图中，对线条的运用可以总结为：水平线表现平稳、垂直线表现崇高、曲线表现优美、放射线表现奔放、斜线表现动感、圆形线条表现流动、三角形线条表现稳定等，示例如图3-83所示。

图 3-83

1）分割布局

线在画面中有一个很重要的功能，就是可以对画面分割从而创造新的空间，在构图时要合理地利用线的分割性来完善构图。线的分布均匀有致，使画面具有空间感、秩序感，示例如图 3-84 所示。

图 3-84

2）汇聚布局

线可以有远近透视的变化，可以遵循近大远小的秩序排列，给人以延伸汇聚的感觉，这在构图中起到了很重要的作用。利用直线可以充分使画面空间具有延伸性、开阔感，示例如图 3-85 所示。

图 3-85

3）线对比布局

在构图中会经常用到不同线条的对比来参与构图。线的对比有很多种，直线与曲线的对比、硬与柔的对比、大小的对比、粗细的对比等，线的对比使画面更丰富多变，示例如图 3-86 所示。

图 3-86

4）旋律布局

线是有感情的，是有节奏、有旋律、有生命的。我们可以利用线的重复排列形成视觉上的节奏。相似的线条画面的变化和差异产生韵律，画面上线条的形状不同，排列疏密不同，会令人在视觉上产生明快、柔和、急剧、舒缓等感觉，示例如图 3-87 所示。

图 3-87

3．面

线的移动产生了面，面具有长度和宽度。面在画面构成中，往往占的比重较大，画面中的面的大小、形态、位置很重要，面的形态在画面中会起主导作用。例如：几何形的面，表现规则、平稳、较为理性的视觉效果；有机形成的面，产生出柔和自然、抽象的面的形态；偶然形成的面更自由、活泼，富有哲理性，示例如图 3-88 所示。

图 3-88

1）面对比布局

面存在着形状对比、大小对比等形态，合理地使用能突出主体，增强对比效果，使画面活泼、富于变化。面对比布局能使画面产生一种强烈的面积对比效果，给人以更大的想象空间，示例如图 3-89 所示。

图 3-89

2）重叠布局

面与面的覆盖，面与面的重叠，能够产生上与下、前与后的空间层次，使画面灵活有变化。构图时可用重叠布局来建立空间关系，使画面具有强烈且厚重的纵深感，示例如图 3-90 所示。

图 3-90

3）图底布局

任何形都是由图与底两部分组成的。图具有紧张、密度高、前进的感觉，并有使形象突出来的特性；底则有使形象显现出来的作用。利用底去表现形象是一种简单的方法，但要注意所选的底要能衬托或突出主体，而不能抢夺主体，这是运用图底布局的最基本法则，示例如图 3-91 所示。

图 3-91

知识加油站   即测即评

【思政园地】

贵港荷花经济，助力乡村振兴

学生：老师，我们贵港的乡村振兴战略实施得怎么样呢？

老师：我们贵港荷城正在全力推进乡村振兴战略，成果很多。以贵港"荷花经济"为例，我们依托荷花种植打造现代特色农业示范区，不断延长以"荷"为元素的产业链，开发培育出脆莲、藕粉、荷叶茶、藕糖等深加工农产品。

学生：那种植荷花的村民收入是不是增加了呢？

老师：那是肯定的！贵港市还通过构建"生态观光农业+乡村旅游+新农村"的发展模式，带动群众脱贫致富，荷花成为村民增加收入的"致富花"了。

学生：噢！清新脱俗的荷花不仅扮靓了乡村，还铺就了一条致富大道呢。

老师：是啊。从赏荷花、收莲子，到荷叶、莲蓬深加工，形成产、供、销、加工"一条龙"，贵港让小荷花变成大产业，助力乡村振兴！

学生：我今后也要认真学习，学好技能，为我们家乡的振兴贡献力量！

▶ 课堂练习——活动区设计

【技术点拨】使用"矩形工具"绘制渐变矩形，为置入的素材应用图层样式，使用"钢笔工具"绘制LOGO，使用"横排文字工具"输入文本。效果如图3-92所示。

【效果图所在位置】

扫码观看本案例视频

图 3-92

▶ 课后习题——全屏轮播图设计

【技术点拨】使用"矩形工具""椭圆工具""多边形工具"绘制形状，使用"钢笔工具""画笔工具"分别绘制山峰、河流、荷花、荷叶、柳条等形状，使用"横排文字工具"输入文本，为文本应用图层样式，效果如图3-93所示。

【效果图所在位置】

扫码观看本案例视频

图 3-93

项目四

海报设计

海报又名"招贴",是视觉传达的重要方式之一。为了应对市场的不断变化,在保留海报宣传、展示信息的主要功能的同时,海报的设计形式也变得越来越多样化,有严肃的、有喜庆的,还有欢快的,人们在观看海报时不仅能获取其中的信息,还能享受视觉上的盛宴。在信息时代,海报的设计与制作已经成为商家宣传、展示产品的主要方式,有着巨大的市场空间。

在本项目中,我们将利用 Photoshop CC 2019 软件的各种操作,完成"荷美覃塘"旅游海报、农产品推介海报的设计与制作,从而掌握利用 Photoshop CC 2019 软件进行海报设计的方法与技巧。

学习目标

（1）了解海报的概念。

（2）了解海报的分类。

（3）掌握海报的特点。

（4）掌握海报的构成要素。

（5）掌握海报设计的色彩搭配技巧。

（6）掌握海报设计的构图技巧。

项目分解

任务一　"荷美覃塘"旅游海报设计

任务二　农产品推介海报设计

任务效果图展示（见图 4-1、图 4-2）

图 4-1

图 4-2

▶ 任务一　"荷美覃塘"旅游海报设计

【工作情景描述】

　　贵港市"荷美覃塘"莲藕产业（核心）示范区简称"荷美覃塘"，是以具有一千多年种植历史的国家农产品地理认证产品——覃塘莲藕为主导产业的现代农业示范区。该示范区围绕"生态农业、休闲养生、文化传承"建设要求，突出特色种养加工和生态休闲观光元素，力争实现绿色生产、加工集散、示范带动、科普教育、休闲观光等功能，自 2014 年起，每年 6、7 月份择期在示范区举行"荷美覃塘"荷花节。为宣传"荷美覃塘"荷花节，扩大其知名度并招揽更多的游客，荷美集团决定在全市征集以"荷美覃塘"为主题的海报设计，希望大家踊跃报名，积极宣传荷花节。

　　请你根据"荷美覃塘"的背景，进行"荷美覃塘"的海报设计与制作。

【建议学时：8 学时】

【学习结构】

【工作过程与学习活动】

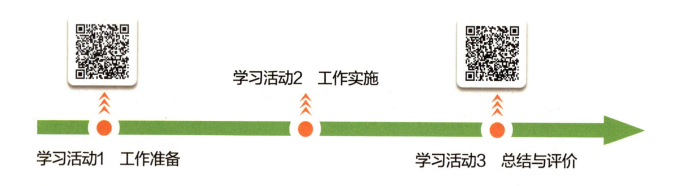

学习活动 ② 工作实施

💡 **学习目标**

能根据既定的工作计划，通过小组合作方式，落实实施步骤。

建议学时：6学时

⏰ 学习过程

一、工作实施步骤

扫码观看本案例视频   扫码查看拓展案例

（1）启动 Photoshop CC 2019 软件，选择"文件"——"新建"命令（按下 Ctrl+N 组合键），弹出"新建文档"窗口，新建一个"宽度"为 210 毫米，"高度"为 297 毫米，"分辨率"为 300 像素/英寸，"名称"为"旅游海报"的图像文件，单击"创建"按钮。

（2）选择"文件"——"置入嵌入对象"命令，置入"荷花.png"素材，然后调整其大小，并将其放到合适的位置，如图 4-3 所示。

图 4-3

（3）在"图层"面板中，选中"荷花"图层，按下 Ctrl+M 组合键，弹出"曲线"对话框，具体参数设置如图 4-4 所示，完成后得到如图 4-5 所示的效果。

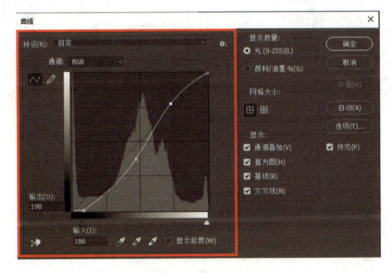

图 4-4

图 4-5

（4）在"图层"面板中，选中"荷花"图层，选择"图像"——"调整"——"黑白"命令，在弹出的对话框中进行参数设置，如图 4-6 所示，得到如图 4-7 所示的效果。

（5）制作墨渍效果。选择"滤镜"——"滤镜库"——"画笔描边"——"喷溅"命令，在弹出的对话框中调整"喷色半径"为 22、"平滑度"为 5，得到如图 4-8 所示的效果。

图 4-6

图 4-7

（6）制作扩散效果。选择"滤镜"——"风格化"——"扩散"命令，在弹出的对话框中设置扩散的"模式"为正常，得到如图 4-9 所示的效果。

（7）上色。创建新图层"图层 1"，将"前景色"设置为粉色（RGB：226，109，156），单击"画笔工具"（按下快捷键 B），选择"柔边圆"画笔，"大小"为 117，描绘荷花。将"前景色"设置为绿色（RGB：50，104，41），继续使用"画笔工具"绘制荷叶，得到如图 4-10 所示的效果。

图 4-8

图 4-9

（8）在"图层"面板中，选中"图层 1"，修改图层混合模式为"颜色"，得到如图 4-11 所示的效果。

图 4-10　　　　　　　　　　　　　　　图 4-11

（9）在"图层"面板中，按住 Shift 键将"图层 1""荷花"这两个图层同时选中，单击鼠标右键，在弹出的快捷菜单中选择"从图层新建组"命令，将新图层组命名为"荷花"，得到如图 4-12 所示的效果。

图 4-12

（10）在"图层"面板中，选中"荷花"组，按下 Ctrl+T 组合键，调整该图层组中的图片大小，并将其放置到合适的位置，效果如图 4-13 所示。

（11）在"图层"面板中，选中"荷花"图层组，按下 Ctrl+J 组合键，复制"荷花"图层组。然后按下 Ctrl+T 组合键调整复制图层组中的图片大小，并将其放置到合适的位置，效果如图 4-14 所示。

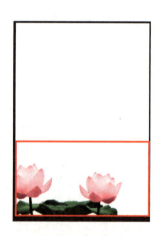

图 4-13   图 4-14

（12）按照步骤（11）的方法，继续复制一组荷花，然后单击"图层"面板下方的"添加图层蒙版"按钮，将"前景色"修改为黑色（RGB：0，0，0），使用"画笔工具"在蒙版上涂抹，将多余的部分遮挡住，如图 4-15 所示。

（13）选择"文件"——"置入嵌入对象"命令，置入"背景.png"素材，然后调整图片大小，并将其放置到合适的位置，如图 4-16 所示。

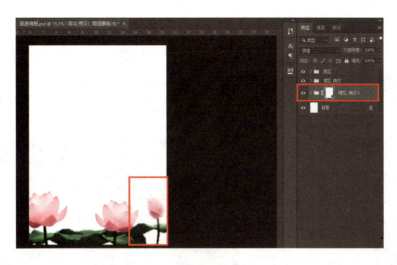

图 4-15

图 4-16

（14）按照步骤（13）的方法，置入"晕染.png"素材，如图 4-17 所示。

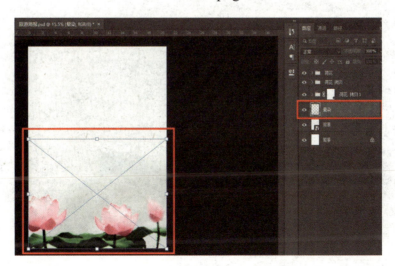

图 4-17

（15）新建一个图层，在工具箱中选择"钢笔工具" 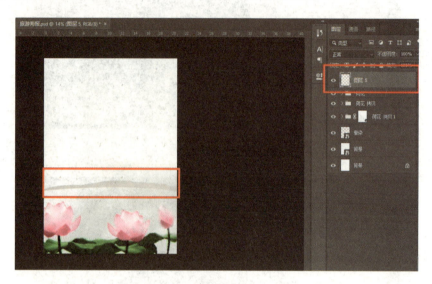 （按下快捷键 P），在属性栏中将"选择工具模式"设置为路径，绘制山峦的路径。按下 Ctrl+Enter 组合键将路径载入选区，修改"前景色"为浅灰色（RGB：204，204，204），按下 Alt+Delete 组合键填充选区，再按下 Ctrl+D 组合键取消选区，得到的效果如图 4-18 所示。

图 4-18

（16）参考步骤（15）的方法，继续绘制山峦，并将山峦的"填充颜色"设置为灰色（RGB：194，194，194），效果如图 4-19 所示。

（17）在"图层"面板中，按住 Ctrl 键，单击"图层 5"的图层缩览图，将"图层 5"载入选区，然后选择"矩形选框工具" 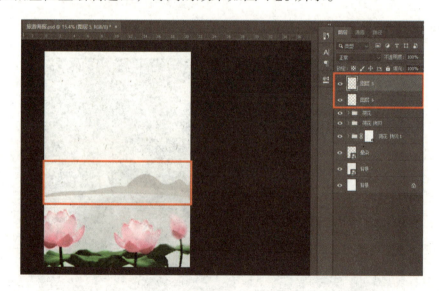 （按下快捷键 M），在属性栏中单击"与选区交叉"按钮，在相应位置绘制选区，得到的效果如图 4-20 所示。

图 4-19

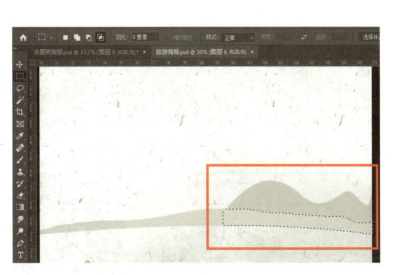

图 4-20

（18）在"图层"面板中，选中"图层 6"图层，按下 Delete 键，将选区中的内容删除，按下 Ctrl+D 组合键取消选区，然后将"图层 6"中的图形上移一点，效果如图 4-21 所示。

（19）选择"文件"——"置入嵌入对象"命令，置入"塔.png"素材，然后调整图片大小，并将其放置到合适的位置，如图 4-22 所示。

图 4-21

图 4-22

（20）选中"晕染"图层，单击"图层"面板下方的"添加图层蒙版"按钮▣，然后使用"画笔工具" ✎（按下快捷键 B）将山峦上方的"晕染"涂抹掉，如图 4-23 所示。

（21）新建一个图层，然后在"工具箱"中选择"套索工具" ○（按下快捷键 L），绘制一个不规则的选区。然后修改"前景色"为灰色（RGB：194，194，194），按下 Alt+Delete 组合键填充选区，再按下 Ctrl+D 组合键取消选区，得到的效果如图 4-24 所示。

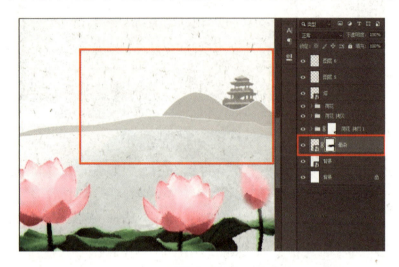

图 4-23

图 4-24

（22）在"图层"面板中选中"图层 7"，为该图层添加图层蒙版。选择"渐变工具" ▣（按下快捷键 G），设置渐变颜色为从黑色到白色，"渐变样式"为线性渐变，然后在蒙版上填充黑白渐变颜色，得到如图 4-25 所示的效果。

（23）按照步骤（21）和步骤（22）的方法，继续绘制山峦，最终得到如图 4-26 所示的效果。

图 4-25

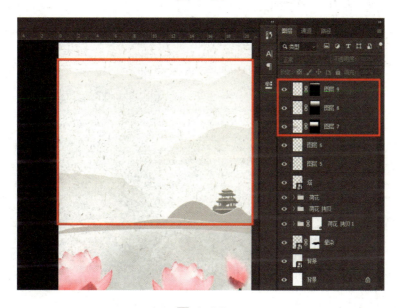

图 4-26

（24）在工具箱中选择"椭圆工具" ▣（按下快捷键 U），按住 Shift 键，在画布左上方绘制一个太阳，"填充颜色"为粉色（RGB：252，166，182），然后添加图层蒙版，使用"渐变工具" ▣（按下快捷键 G）在蒙版上填充黑白渐变，使太阳的下半部分被遮挡住，并调整图层顺序，如图 4-27 所示。

（25）在"图层"面板中，按住 Ctrl 键，将"塔""图层 5""图层 6"同时选中，然后将它们编组，并命名为"山峰"，如图 4-28 所示。

图 4-27

图 4-28

（26）在"图层"面板中选中"山峰"组，按下 Ctrl+J 组合键，复制得到"山峰 拷贝"组。按下 Ctrl+T 组合键打开自由变换命令，在复制的图像上单击鼠标右键，在弹出的快捷菜单中选择"垂直翻转"命令，将"山峰 拷贝"组中的图像垂直翻转，并将其移动到合适的位置，如图 4-29 所示。

图 4-29

（27）在"图层"面板中，选中"山峰 拷贝"组，为该组添加图层蒙版，设置前景色为黑色，结合"画笔工具" （按下快捷键 B），修改画笔的"不透明度"为 35%，在蒙版上涂抹，效果如图 4-30 所示。

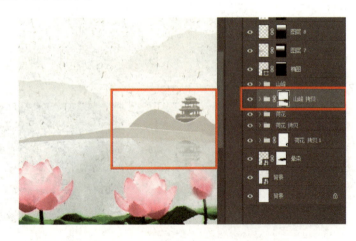

图 4-30

（28）在工具箱中选择"椭圆工具" 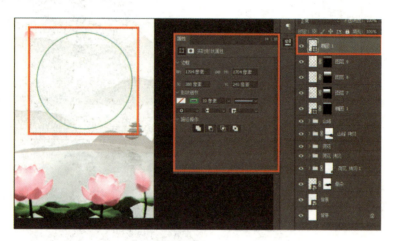（按下快捷键 U），设置"填充颜色"为无，"描边"为绿色（RGB：54，153，98），"描边大小"为 10 像素，按住 Shift 键，在适当的位置绘制一个正圆，如图 4-31 所示。

图 4-31

（29）在"图层"面板中，选中"椭圆 2"图层，单击鼠标右键，在弹出的快捷菜单中选择"栅格化图层"命令，然后使用"矩形选框工具" （按下快捷键 M）选中不要的部分，按下 Delete 键将其删除，再按下 Ctrl+D 组合键取消选区，效果如图 4-32 所示。

图 4-32

（30）按照步骤（28）、步骤（29）的方法，修改"描边大小"为 8 像素，绘制另一个圆，如图 4-33 所示。

（31）在工具箱中选择"横排文字工具" **T**（按下快捷键 T），选择"字体"为宋体，"大小"为 250 点，输入"荷"字，并将其放置到合适的位置，如图 4-34 所示。

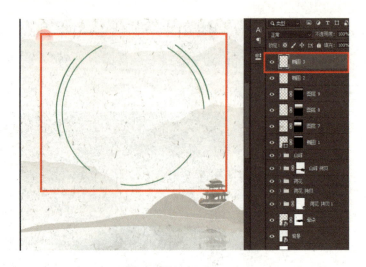

图 4-33

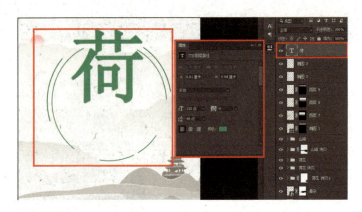

图 4-34

（32）继续使用"横排文字工具" ![T] （按下快捷键 T），分别输入"美""覃""塘"三个文字，并设置"美"的大小为 150 点，"覃""塘"的大小均为 100 点，然后将这三个文字放置到合适的位置，如图 4-35 所示。

图 4-35

（33）使用"直排文字工具" 按下快捷键 T），将字体的"颜色"修改为黑色，分别输入"覃有一美""塘塘有荷"文字，如图 4-36 所示。

图 4-36

（34）在"图层"面板中，使用鼠标右键单击"荷"文字图层，在弹出的快捷菜单中选择"栅格化文字"命令，然后使用"多边形套索工具" （按下快捷键 L）将"荷"字里面的"口"选中并删除，再取消选区，效果如图 4-37 所示。

图 4-37

（35）新建一个图层，在工具箱中选择"套索工具" （按下快捷键 L），绘制一个荷叶形状的选区，然后将"前景色"修改为绿色（RGB：54，153，98），按下 Alt＋Delete 组合键填充选区，再按下 Ctrl+D 组合键取消选区，效果如图 4-38 所示。

（36）在工具箱中选择"钢笔工具" （按下快捷键 P），从荷叶的中心到荷叶边缘绘制一条路径，完成后按下 Esc 键退出当前路径的绘制。然后继续绘制下一条路径，如图 4-39 所示。

图 4-38

图 4-39

（37）在"路径"面板中，选中"工作路径"，将"前景色"设置为白色，"画笔大小"设置为 3 像素，然后单击"路径"面板下方的"用画笔描边路径"按钮，效果如图 4-40 所示。

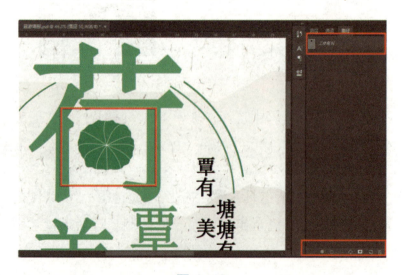

图 4-40

（38）参考步骤（34）的制作方法，将"美"字上方的两点去掉，如图 4-41 所示。

（39）在"图层"面板中，选中"荷花"组，按下 Ctrl+J 组合键，复制图层组。然后按下 Ctrl+T 组合键，调整复制图层组中的图片大小，并将其放置到合适的位置。接着为其添加图层蒙版，并使用"画笔工具"将多余的部分隐藏，效果如图 4-42 所示。

图 4-41

图 4-42

（40）在"图层"面板中，按住 Ctrl 键，同时将"荷""美""覃""塘"这四个图层选中，然后按下 Ctrl+E 组合键合并图层，并修改图层名称为"荷美覃塘"，如图 4-43 所示。

（41）在"图层"面板中，选中"荷美覃塘"图层，按住 Ctrl 键的同时单击图层缩览图，将图层载入选区。然后选择"渐变工具"■（按下快捷键 G），设置渐变颜色为从粉色（RGB：255，171，203）到绿色（RGB：54，153，98）的渐变，"渐变样式"为径向渐变，执行由中心点向外渐变的操作，效果如图 4-44 所示。

图 4-43

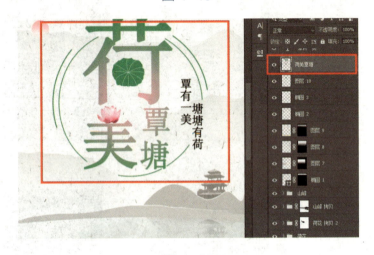

图 4-44

（42）在工具箱中选择"直线工具" 🖊️（按下快捷键 U），设置"填充颜色"为绿色（RGB：54，153，98），"描边"为无，"粗细"为 8 像素，然后绘制一条直线，如图 4-45 所示。

（43）在"图层"面板中，选中"形状 1"，为其添加图层蒙版，并结合使用"渐变工具" ⬜（按下快捷键 G）将直线下方进行遮挡，然后将"形状 1"移动到"椭圆 2"的下方，效果如图 4-46 所示。

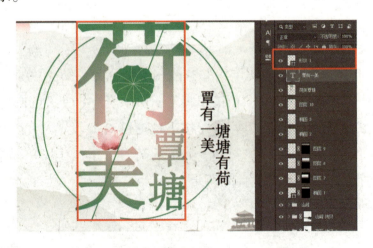

图 4-45

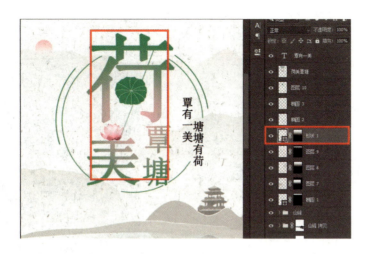

图 4-46

（44）在"图层"面板中，选中"形状 1"，按下 Ctrl＋J 组合键，复制直线，并将其放置到合适的位置，如图 4-47 所示。

（45）在"图层"面板中，选中"图层 10"，修改图层名称为"荷叶"，然后按下四次 Ctrl＋J 组合键，复制四片荷叶。分别对四片荷叶做如下操作：按下 Ctrl＋T 组合键，调整图片大小并将其放置到合适的位置，效果如图 4-48 所示。

（46）在工具箱中选择"横排文字工具" **T** （按下快捷键 T），设置"字体"为宋体，"大小"为 30 点，输入"荷"字，如图 4-49 所示。

（47）在"图层"面板中，选中"荷"文字图层，在"图层样式"对话框中为其添加"渐变叠加"图层样式，设置"填充颜色"为从白色（RGB：255，255，255）到粉色（RGB：255，171，203）的渐变，具体参数设置如图 4-50 所示，得到如图 4-51 所示的效果。

（48）使用步骤（46）、步骤（47）的方法，制作"美""四""季"三个文字的渐变效果，效果如图 4-52 所示。

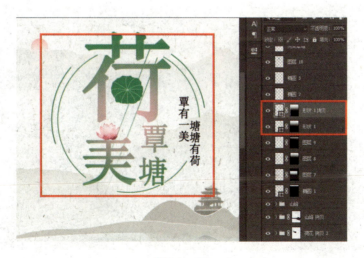

图 4-47

图 4-48

图 4-49

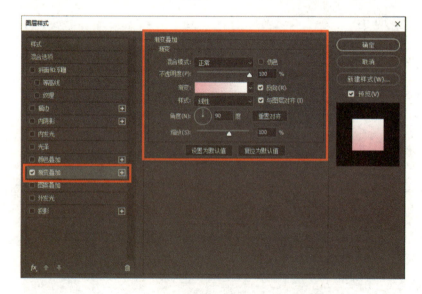

图 4-50

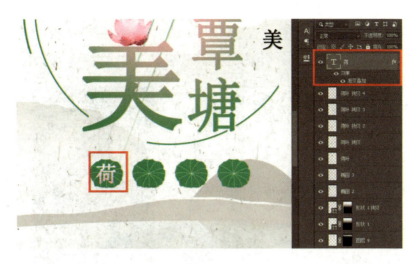

图 4-51

图 4-52

（49）在工具箱中选择"横排文字工具"（按下快捷键 T），设置文字的"大小"为 30 点，在合适的位置输入相应的文字，如图 4-53 所示。

图 4-53

（50）在"图层"面板中，按住 Ctrl 键，同时选中"TEL：……""[模拟……""[荷花……"这三个文字图层，将它们放置到一个组内，并修改组名为"文字"，如图 4-54 所示。

图 4-54

（51）在"图层"面板中，选中"文字"图层组，单击"图层"面板下方的"添加图层样式"按钮 **fx**，在弹出的下拉列表中选择"渐变叠加"选项，在弹出的对话框中设置"填充颜色"为从绿色（RGB：54，153，98）到粉色（RGB：255，171，203）再到绿色（RGB：54，153，98）的渐变，具体参数设置如图 4-55 所示，得到如图 4-56 所示的效果。

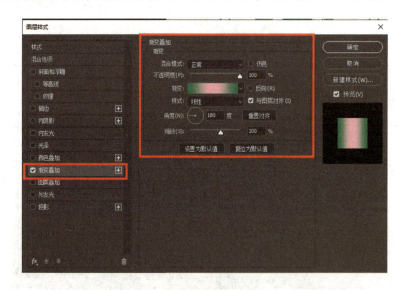

图 4-55

（52）在"图层样式"对话框中，选择"描边"样式，设置"大小"为 10 像素，"位置"为外部，"颜色"为白色，得到如图 4-57 所示的效果。

（53）选择"文件"——"置入嵌入对象"命令，分别置入"竹筏.png""鸟.png"素材，然后分别调整其大小，并将其放置到合适的位置，效果如图 4-58 所示。

图 4-56

图 4-57

图 4-58

（54）至此，"荷美覃塘"旅游海报制作完成，最终效果如图 4-59 所示。

图 4-59

温馨提示：

使用 Photoshop 中的滤镜命令可以改变图像像素的位置或颜色，从而产生各种特殊的图像效果，还能够模拟各种绘画效果，如素描、油画、水彩等。

Photoshop 中的滤镜大致分为三种类型。第一类是修改滤镜，这类滤镜可以修改图像文件中的像素，如应用纹理、描边等。这类滤镜数量众多，用户需要多使用以积累经验。第二类是复合滤镜，这类滤镜拥有自己的工具和操作方法，如液化、消失点滤镜等。第三类是创造性滤镜，这类滤镜只有一个云彩滤镜，它是唯一不需要借助任何像素便可以产生效果的滤镜。

小技巧：

1. 使用"钢笔工具"绘制一段路径，可以直接按 Esc 键结束，也可以重新绘制。

2. 复制图像，然后将其进行"垂直翻转"，再调整不透明度，可以快速制作出倒影效果。

二、工作检查

我的实际完成结果和理论结果比较，是否存在不足之处？如有，请分析原因。

_____

_____

_____

_____

_____

【知识链接】

1. 海报的概念

海报，又称为招贴、宣传画，主要是将图片、文字、色彩等元素进行恰当的组合，通过张贴等传播手段传递各种信息。示例如图 4-60 所示。

海报多用于电影、戏剧、比赛等活动宣传。在海报中一般要说明活动的时间、地点等内容，并且要求语言简明扼要，形式新颖美观。

图 4-60

2. 海报的分类

根据用途的不同,海报可以分为学术报告类海报、商业海报、公益海报、电影海报和文化海报。

1）学术报告类海报

学术报告类海报主要是为一些学术性的活动而制作并发布的海报，一般张贴在学校或相关的单位，具有较强的针对性，示例如图 4-61 所示。

2）商业海报

商业海报主要是为各类商品进行促销宣传或进行其他商业活动而制作并发布的海报。商业海报能够让人们直观、清楚地了解商品的性能，具有很好的宣传作用，示例如图 4-62 所示。

图 4-61

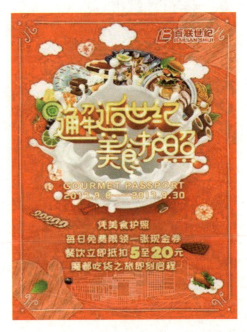

图 4-62

3）公益海报

公益海报也称为"社会海报"，它通过视觉手段唤醒人们的正确观念，从而潜移默化地提高人们的自我修养。公益海报包括社会公德、社会福利、禁烟、禁毒、劳动保护、环境保护等内容。公益海报最大的特点是具有非营利性，示例如图 4-63 所示。

4）电影海报

电影海报是影院公布上映的电影的名称、时间、地点、主演人物及电影内容的一种海报。这类海报有时还会配上简单的宣传画，将电影中的主要人物、画面形象地描绘出来，以吸引人们的注意力，扩大宣传的力度，示例如图 4-64 所示。

5）文化海报

文化海报是指各种文娱活动或展览活动所用的宣传海报。在文化海报中，一般需要写清活动的时间、地点等。文化海报的设计往往要求新颖别致，引人入胜，示例如图 4-65 所示。

图 4-63

图 4-64

图 4-65

3．海报的特点

海报具有以下几个特点。

1）尺寸大

海报一般张贴在商场橱窗、影院等公共场所，会受到周围环境和各种因素的干扰，因此，需要用大画面的图像和色彩进行展现。海报的尺寸一般有对开、全开、长三开和特大画面（八张全开）等。

2）远视强

为了让来去匆忙的人们留下印象，海报除尺寸大外，还要有强烈的视觉冲击力，例如突出的商标、标志、标题、图形，或者对比强烈的色彩，或者大面积的空白，或者简练的视觉流程，使海报成为人们的视觉焦点，以便能在瞬间引起人们的注意，并迅速、准确地传递信息。

3）广泛性

海报的受众面是非常广泛的，一般来说，海报是面对绝大多数人的，而非少数的一些受众。越多的人看到并接受海报的内容，效果越好。

4．海报构成的要素

海报构成的三大要素分别是文字、图形、色彩。

1）文字

文字具有说明作用，在海报设计中运用文字，可以让人们更快、更准确地获取有用的信息。除此之外，文字在海报设计中还具有装饰功能。

2）图形

图形在海报设计中是不可或缺且无法替代的，运用图形来传递信息，不仅能加快信息传递速度，而且可以让海报不受语言、文化的限制，能够更好地激发人们内心的情感，产生共鸣。

3）色彩

色彩具有象征性，是形成海报界面风格重要的组成部分，海报界面设计的成功与否，在某种程度上取决于色彩的运用和搭配，好的色彩运用可以起到锦上添花、先声夺人的效果。

【思政园地】

贵港景点

老师：小荷同学，要放暑假了，你有什么打算呀？

学生：爸爸妈妈工作忙，不能带我出去玩，只能待在市里，贵港能有什么好玩的，还不如待在家看电视呢！

老师：看来你对我们市的景点一点儿都不了解呀，在市内也有好多好玩的地方。荷美覃塘、平天山、桂平西山、龙潭国家森林公园等，这些景点你都去过了吗？

学生：贵港居然有这么多景点，我只去过荷美覃塘，那里有好多好多的荷花，我可喜欢那里了！

学生：其他的地方我都没去过，老师，你可以给我说说吗？

老师：好，让老师给你说说。平天山因其山高、山顶面积大而得名，那里有仙人瀑布、状元帽等；桂平西山是我国著名的七大西山之一，又称思灵山，有着"桂林山水甲天下，更有浔城半边山"之称；龙潭国家森林公园内有维管束植物166科533属1093种，其中包括金花茶、五针松、过江龙等。还有其他很多景点呢，你可以去网上搜索。

学生：嗯，老师，我知道了，我要把这些景点都游览一遍。

▶ 任务二　农产品推介海报设计

【工作情景描述】

荷城乡村蔬果生态园主要种植高品质天然农作物，请你利用自己所学的专业知识，设计农产品推介海报，提高当地农产品的曝光率。

请你根据荷城乡村蔬果生态园的背景，进行农产品推介海报设计与制作。

【建议学时：6学时】

【学习结构】

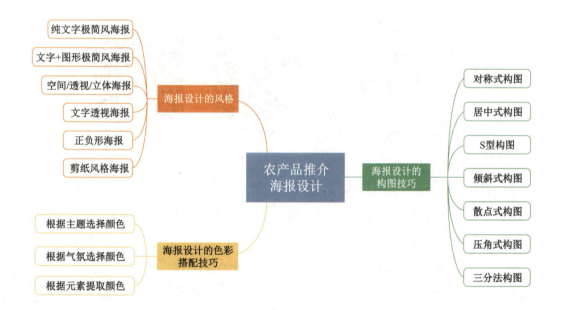

【工作过程与学习活动】

学习活动 ② 工作实施

💡 学习目标

能根据既定的工作计划，通过小组合作方式，落实实施步骤。

建议学时：4学时

⏰ 学习过程

一、工作实施步骤

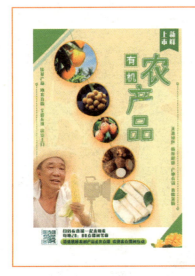

扫码观看本案例视频

扫码查看拓展案例

（1）启动 Photoshop CC 2019 软件，新建一个"宽度"为210毫米、"高度"为297毫米的图像文件，设置名称为"农产品推介海报"，"分辨率"为300像素/英寸，"颜色模式"为 RGB 颜色，单击"创建"按钮。

（2）在工具箱中单击"前景色"按钮▇，在弹出的"拾色器"对话框中，设置颜色为橙色（RGB：255，209，93），按下 Alt+Delete 组合键，将画布填充为橙色。

（3）选择"文件"——"置入嵌入对象"命令，在弹出的"置入嵌入的对象"对话框中，找到"农产品推介海报"素材文件夹，选择"背景纹理.png"素材文件，单击"置入"按钮，然后调整素材至合适的大小和位置，得到如图4-66所示的效果。

（4）在"图层"面板中选中"背景纹理"图层，将图层不透明度修改为55%。

（5）在工具箱中选择"直线工具"▇（按下快捷键 U），设置"描边宽度"为8像素，"颜色"为绿色（RGB：98，163，50），"描边"为虚线，在画布上绘制合适的直线，如图 4-67所示。

（6）在工具箱中选择"椭圆工具"▇（按下快捷键 U），在属性栏中设置"选择工具模式"为形状，无填充色，"描边颜色"为绿色（RGB：98，163，50），然后在直线两端绘制合适的椭圆，如图 4-68 所示。

（7）在工具箱中选择"多边形工具" ⬡（按下快捷键 U），在属性栏中设置"选择工具模式"为形状，"边数"为 3，"填充颜色"为绿色（RGB：126，179，86），无描边，然后在画布左上角绘制合适的三角形，得到如图 4-69 所示的效果。

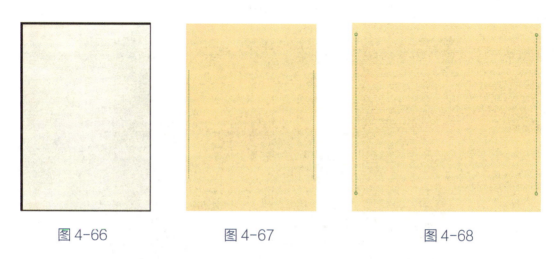

图 4-66　　　　　　　图 4-67　　　　　　　图 4-68

（8）在工具箱中选择"矩形工具" ▭（按下快捷键 U），在属性栏中设置"选择工具模式"为形状，"填充颜色"为浅绿色（RGB：199，218，177），无描边，然后在画布左上角绘制合适的矩形。接着按下 Ctrl+T 组合键，调整矩形方向，得到如图 4-70 所示的效果。

（9）在工具箱中选择"自定义形状工具" ✿，"形状"选择 ▩，颜色为绿色（RGB：98，163，50），然后在画布上绘制大小合适的图形，并将其移动至合适的位置，如图 4-71 所示。

图 4-69　　　　　　　图 4-70　　　　　　　图 4-71

（10）在工具箱中选择"横排文字工具" T（按下快捷键 T），输入文字"新品上市"，在属性栏中设置"字体"为锐字真言体，"大小"为 25 点，"颜色"为白色。然后在工具箱中选择"移动工具" ✛（按下快捷键 V），将所有文字排列至合适的位置，如图 4-72 所示。

（11）选择"文件"——"置入嵌入对象"命令，分别置入"劳动的人 01.png""劳动的人 02.png""摄像机.png"三个素材文件，调整素材至合适的大小和位置，得到如图4-73所示的效果。

（12）在"图层"面板中分别选中"劳动的人 01""劳动的人 02"两个图层，将图层混合模式修改为颜色减淡，将图层"不透明度"设置为40%，如图4-74所示。

图4-72　　　　　　　　　　　　　图4-73

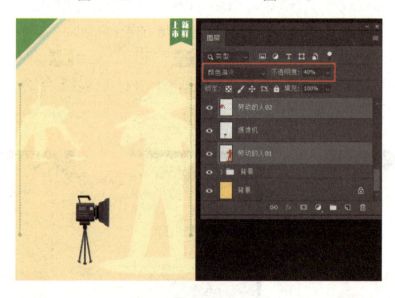

图4-74

（13）在"图层"面板中选中"摄像机"图层，将图层"不透明度"设置为20%，如图4-75所示。

（14）选择"文件"——"置入嵌入对象"命令，置入"农民伯伯.png"素材文件，调整素材至合适的大小和位置，得到如图4-76所示的效果。

（15）选中"农民伯伯"图层，单击"图层"面板下方的"添加图层蒙版"按钮■，选择黑色的柔边画笔，在合适的位置涂抹，将多余部分隐藏，如图4-77所示。

图 4-75 图 4-76

图 4-77

（16）在工具箱中选择"直线工具" （按下快捷键 U），设置"描边宽度"为 4 像素，"颜色"为绿色（RGB：98，163，50），在画布上绘制合适的直线，如图 4-78 所示。

（17）在工具箱中选择"矩形工具" （按下快捷键 U），在属性栏中设置"选择工具模式"为形状，"填充颜色"为白色，无描边，在画布下方绘制合适的矩形，得到如图 4-79 所示的效果。

图 4-78 图 4-79

（18）在工具箱中选择"多边形工具" （按下快捷键 U），在属性栏中设置"选择工具模式"为形状，"边数"为 3，"填充颜色"为绿色（RGB：126，179，86），无描边，在画布右上角绘制合适的三角形，得到如图 4-80 所示的效果。

（19）选择"文件"——"置入嵌入对象"命令，置入"卡通小橘.png"素材文件，并且连续按下 Ctrl+J 组合键，复制出四个橘子，调整素材至合适的大小和位置，得到如图 4-81 所示的效果。

（20）选择"文件"——"置入嵌入对象"命令，分别置入"荔枝.png""沃柑.png""龙眼.png""芋头.png""甘蔗.png"五个素材文件，调整素材至合适的大小和位置，得到如图 4-82 所示的效果。

图 4-80　　　　　　　　图 4-81　　　　　　　　图 4-82

（21）调整图层顺序。在"图层"面板中分别选中"荔枝""沃柑""龙眼""芋头""甘蔗"五个图层，将这五个图层分别置于"橘子"图层上方，如图 4-83 所示。

（22）在"图层"面板中分别选中"荔枝""沃柑""龙眼""芋头""甘蔗"五个图层，单击鼠标右键，在弹出的快捷菜单中选择"创建剪贴蒙版"命令，得到如图 4-84 所示的效果。

（23）在"图层"面板中分别选择五个"卡通小橘"图层，单击面板下方的"添加图层样式"按钮 fx ，在弹出的下拉列表中选择"投影"选项，在弹出的对话框中设置"混合模式"为正片叠底，"颜色"为橙色（RGB：255，138，2），"不透明度"为 43%，"角度"为 90°，"距离"为 59，"扩展"为 0，"大小"为 103，得到如图 4-85 所示的效果。

（24）在"图层"面板中选中"沃柑"图层，单击面板下方的"创建新的填充或调整图层"按钮 ，然后选中"曲线"命令，将图像整体提亮，接着单击"剪切"按钮 ，如图 4-86 所示。

（25）在"图层"面板中选中"沃柑"图层，单击面板下方的"创建新的填充或调整图层"按钮 ，然后选择"色彩平衡"命令，调整图像的色调，接着单击"剪切"按钮 ，如图 4-87 所示。

图 4-83   图 4-84   图 4-85

图 4-86   图 4-87

（26）在"图层"面板中选中"甘蔗"图层，单击面板下方的"创建新的填充或调整图层"按钮 ⊘ ，然后选择"色彩平衡"命令，调整图像的色调，接着单击"剪切"按钮 ⬚ ，如图 4-88 所示。

（27）在"图层"面板中选中"龙眼"图层，单击面板下方的"创建新的填充或调整图层"按钮 ⊘ ，然后选中"色彩平衡"命令，调整图像的色调，接着单击"剪切"按钮 ⬚ ，如图 4-89 所示。

图 4-88   图 4-89

（28）在"图层"面板中选中"芋头"图层，单击面板下方的"创建新的填充或调整图层"按钮，然后选择"曲线"命令，将图像整体提亮，接着单击"剪切"按钮，如图 4-90 所示。

（29）在"图层"面板中选中"荔枝"图层，单击面板下方的"创建新的填充或调整图层"按钮，然后选择"色相/饱和度"命令，调整图像的色相，接着单击"剪切"按钮，如图 4-91 所示。

图 4-90

图 4-91

（30）在工具箱中选择"圆角矩形工具"（按下快捷键 U），在属性栏中设置"选择工具模式"为形状，"填充颜色"为白色，无描边，"半径"为 50 像素，在画布下方绘制合适的圆角矩形，得到如图 4-92 所示的效果。

（31）在"图层"面板中选中"圆角矩形"图层，单击面板下方的"添加图层样式"按钮fx，在弹出的下拉列表中选择"渐变叠加"样式，在弹出的对话框中设置"混合模式"为正常，"不透明度"为 100%，"渐变"为翠绿色（RGB：159，190，29）到黄绿色（RGB：202，218，52），如图 4-93 所示。

图 4-92

图 4-93

（32）在工具箱中选择"横排文字工具" T（按下快捷键 T），输入文字，在属性栏中设置"字体"为锐字真言体，"字号"为14.5点，"颜色"为绿色（RGB：32，116，77）。然后在工具箱中选择"移动工具" （按下快捷键 V），将所有文字排列至合适位置，如图4-94所示。

（33）在工具箱中选择"矩形工具" 　（按下快捷键U），在属性栏中设置"选择工具模式"为形状，无填充，"描边颜色"为绿色（RGB：126，179，86），然后在画布上方绘制合适的矩形，得到如图4-95所示的效果。

（34）在工具箱中选择"矩形工具" 　（按下快捷键U），在属性栏中设置"选择工具模式"为形状，"填充颜色"为绿色（RGB：126，179，86），无描边，然后在画布上方绘制合适的矩形，得到如图4-96所示的效果。

（35）选中步骤（33）和步骤（34）绘制的矩形，按下Ctrl+J组合键复制矩形，然后将复制后的矩形移动至合适的位置，如图4-97所示。

图 4-94　　　　　　　图 4-95　　　　　　　图 4-96　　　　　　　图 4-97

（36）在工具箱中选择"横排文字工具" 　（按下快捷键T），分别输入文字"有""机"，在属性栏中设置"字体"为叶根友徽影体，"字号"为40点，"颜色"为白色。然后在工具箱中选择"移动工具" 　（按下快捷键 V），将所有文字排列至合适位置，如图 4-98所示。

（37）在工具箱中选择"横排文字工具" 　（按下快捷键T），分别输入文字"农""产品"，在属性栏中设置"字体"为叶根友徽影体，"字号"为130点，"颜色"为绿色（RGB：126，179，86）。然后在工具箱中选择"移动工具" 　（按下快捷键 V），将所有文字排列至合适位置，如图4-99所示。

（38）在"图层"面板中选中"农""产品"两个文字图层，按下 Ctrl+J 组合键复制文字图层。

（39）在"图层"面板中分别选中"农""产品"两个文字图层，单击面板下方的"添加图层样式"按钮 fx，在弹出的下拉列表中选择"描边"样式，在弹出的对话框中设置"大小"为20，"不透明度"为100%，"颜色"为绿色（RGB：126，179，86），得到的效果如

图 4-100 所示。

图 4-98 　　　　　　图 4-99 　　　　　　图 4-100

（40）在"图层"面板中分别选中"农拷贝""产品拷贝"两个文字图层，单击面板下方的"添加图层样式"按钮 fx，在弹出的下拉列表中选择"描边"样式，在弹出的对话框中设置"大小"为 8，"不透明度"为 100%，"颜色"为白色，得到的效果如图 4-101 所示。

（41）在工具箱中选择"横排文字工具" T（按下快捷键 T），输入文字，在属性栏中设置"字体"为锐字真言体，"字号"为 15 点，"颜色"为绿色（RGB：126，179，86）。然后在工具箱中选择"移动工具"（按下快捷键 V），将所有文字排列至合适位置，如图 4-102 所示。

（42）选择"文件"——"置入嵌入对象"命令，分别置入"二维码.png""芒果.png"两个素材文件，调整素材至合适的大小和位置，得到如图 4-103 所示的效果。

（43）至此，"农产品推介海报设计"制作完成，最终效果如图 4-104 所示。

图 4-101 　　　　图 4-102 　　　　图 4-103 　　　　图 4-104

温馨提示：

蒙版是 Photoshop 的核心技术。图层蒙版相当于一块能使物体变透明的玻璃，在玻璃上涂黑色时，物体变透明；在玻璃上涂白色时，物体显示出来；在玻璃上涂灰色时，物体呈半透明状态。

图层蒙版中只能用黑灰白三种颜色。蒙版中的黑色隐藏当前图层的内容，显示当前图层下面图层的内容；蒙版中的白色显示当前图层的内容；蒙版中的灰色是半透明状，可使当前图层下面图层的内容若隐若现。

二、工作检查

我的实际完成结果和理论结果比较，是否存在不足之处？如有，请分析原因。

_____

_____

_____

_____

_____

_____

【知识链接】

1. 海报设计的色彩搭配技巧

在进行海报设计时，色彩的运用是非常重要的，合理的配色可以让作品脱颖而出。在设计海报时，可以掌握一些技巧让设计变得更简单。比如，可以根据主题来选择颜色；也可以根据气氛来选择颜色，还可以根据元素提取颜色。

1）根据主题选择颜色

我们可以根据海报的主题选择合适的颜色，使海报展现出和谐的效果。比如母婴用品的海报设计，可以选择适合婴儿的色彩，给人以柔和的感觉，并且要表现出产品活泼、健康、安全，示例如图 4-105 所示。

2）根据气氛选择颜色

我们也可以先确定色调再选择颜色，比如秋季主题的海报，色调要有希望、丰收、秋高气爽的感觉，由此可以选择的颜色有黄色、金色、橘黄色、橘红色、红色等。通过选择不同的颜色，从不同的角度体现秋季的特色，示例如图 4-106 所示。

3）根据元素提取颜色

我们还可以根据海报中所使用的元素提取颜色，这样可以使设计风格比较一致，整个画面和谐统一。比如设计情人节海报，大多会使用一些心形元素，配色多是红色或粉色，在整体搭配的时候就可以提取这些元素上的颜色来进行设计，看上去更协调，示例如图 4-107 所示。

图 4-105   图 4-106   图 4-107

2．海报设计的构图技巧

1）对称式构图

对称式构图具有平衡、稳定、相互呼应的特点，常见的有动态对称、静止对称两种类型，常用于表现对称的物体和建筑，以及特殊风格的物体。

2）居中式构图

居中式构图将主体放在画面中间，一般表达端正、规矩之意。通常能够突出主体，又赋予画面稳定感。

3）S 型构图

S 型构图是指物体以 S 型从前景向中景和后景延伸，画面构成纵深方向的空间关系，一般以河流、道路、铁轨等最为常见。这种构图的特点是画面比较生动，富有空间感。

4）倾斜式构图

倾斜式构图给人不稳定的感觉，同时又充满活力，具有视觉冲击力。利用斜线指向特定的物体，起到视线引导的作用。

5）散点式构图

散点式构图法是指将一定数量的主体重复散落在画面中的构图方法。在应用散点式构图法时应防止散乱，需要结合色彩的变化，使各个"点"有一定的色彩关系，使之相互呼应，形成内在联系。

6）压角式构图

压角式构图是将标题信息作为绝对重要的元素放在四角，在版面中呈现压住四角的排版形式，要表达的信息一目了然，这种构图法使得画面更加稳固，突出中心。

7）三分法构图

三分法构图也称作"井"字法构图，"井"字的四个交叉点中间的部分就是放置主体的最佳位置，使主体自然成为视觉中心，具有突出主体的作用，可使画面趋向均衡。

知识加油站　　即测即评

【思政园地】

诚信是第一

学生：老师，我帮村里的亲戚在网上卖一些农产品，您觉得我需要特别注意什么问题呢？

老师：我认为最核心也是最关键的一步就是要获得网友的信任，打造好的口碑，回购率才会高，生意才能长久。

学生：老师，怎样才能取得好口碑呢？

老师：农产品是有生命力的，它凝结着一方农人的匠心，甚至是地域的名片，所以在进行网络销售时我们要延续农人精神，遵循诚信原则，保质保量，这样才能打动人心。

学生：老师，我知道了，我们卖农产品讲的是人品，诚信第一，我一定会坚持原则。

老师：言必诚信，行必忠正。老师相信你一定能成功。

学生：谢谢老师。

▶ 课堂练习——店铺页尾设计

【技术点拨】先使用"矩形工具""椭圆工具""多边形工具""钢笔工具"分别绘制形状，然后为相应的形状应用图层样式，最后使用"横排文字工具"输入文本。效果如图4-108所示。

【效果图所在位置】

扫码观看本案例视频

图4-108

▶ 课后习题——焦点图设计

【技术点拨】先使用"矩形工具""椭圆工具""添加锚点工具""创建剪贴蒙版"命令制作圆柱，再使用"曲线"命令调整图像的明暗，然后使用"椭圆工具"绘制正圆，最后使用"横排文字工具"输入文本，并为相应素材应用图层样式，效果如图4-109所示。

【效果图所在位置】

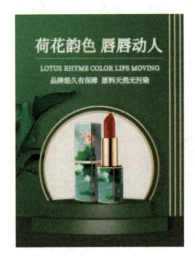

扫码观看本案例视频

图 4-109

项目五

包装设计

作为商品最直接的外观显示形态——包装，它直接影响着消费者的购买欲，同时也是实现商品价值和使用价值的手段。它在保护商品、传达商品信息、储运商品、销售商品、提高商品附加值上起着非常重要的作用。

在本项目中我们将利用 Photoshop CC 2019 软件的各种功能，完成"荷城稻花香东津细米"包装设计和"荷城福礼'覃塘毛尖'"包装设计，从而掌握利用 Photoshop CC 2019 软件进行包装设计的方法与技巧。

学习目标

（1）掌握包装的含义。
（2）认识包装的常见分类。
（3）认识包装的常用材料。
（4）掌握包装设计的要素。
（5）掌握包装设计的原则。

项目分解

任务一　"荷城稻花香东津细米"包装设计
任务二　"荷城福礼'覃塘毛尖'"包装设计

任务效果图展示（见图 5-1、图 5-2）

图 5-1

图 5-2

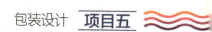

▶ 任务一　"荷城稻花香东津细米"包装设计

【工作情景描述】

东津细米，广西壮族自治区贵港市港南区特产，中国国家地理标志产品。

东津细米泛指在港南区东津码头进行集中外运的产自东津和周边的桥圩、湛江、木格、木梓，以及北岸的武乐、大圩、庆丰等乡镇的优质细米，都具有"米粒细长、米质晶莹"，米饭"口感柔软、丝甜清香"的特点，一直被粤港澳客商泛称"东津细米"，销往粤港澳已有近200年历史。

东津细米因其两头尖细，明净无杂质，米质晶莹，口感柔软、爽滑可口、丝甜，故有"东津好细米"的美称。

请你根据东津细米的背景，进行"荷城稻花香东津细米"包装设计。

【建议学时：8 学时】

【学习结构】

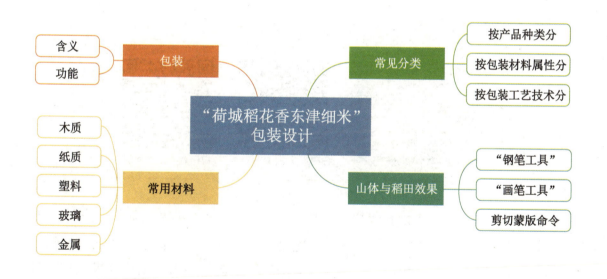

【工作过程与学习活动】

学习活动2　工作实施

学习活动1　工作准备

学习活动3　总结与评价

学习活动 ② 工作实施

💡 学习目标

能根据既定的工作计划，通过小组合作方式，落实实施步骤。

建议学时：6 学时

⏰ 学习过程

一、工作实施步骤

扫码观看本案例视频　　扫码查看拓展案例

（1）启动 Photoshop CC 2019 软件，选择"文件"——"新建"命令（按下 Ctrl+N 组合键），弹出"新建文档"窗口，新建一个"宽度"为 35 厘米，"高度"为 55 厘米，"图像模式"为 CMYK 颜色，"分辨率"为 300 像素/英寸，"名称"为"东津细米包装设计"的图像文件，单击"创建"按钮。

（2）在工具箱中单击"前景色"按钮▧，在弹出的"拾色器（前景色）"对话框中设置前景色为（RGB：175，220，218），按下 Alt+Delete 组合键，为画布填充前景色。

（3）使用"椭圆工具"▧（按下快捷键 U），在舞台中左上角创建椭圆，在属性栏中设置第一个椭圆"填充颜色"为（RGB：139，204，234），第二个椭圆"填充颜色"为（RGB：

0，160，233），效果如图 5-3 所示。

（4）继续使用"椭圆工具" （按下快捷键 U），绘制剩下的椭圆并修改其颜色，效果如图 5-4 所示。然后在"图层"面板的底部单击"创建新组"按钮 ▭，将新图层组命名为"椭圆"，接着将所有椭圆图层放入图层组内。

图 5-3

图 5-4

（5）选择"文件"——"置入嵌入对象"命令。置入"荷花.png"文件，然后分别设置图层的"不透明度""填充"参数为 30%。

（6）按下 Ctrl+T 组合键，调整荷花图像的大小。然后使用"移动工具" ✥（按下快捷键 V），将图像拖曳到舞台上方。接着按下 Ctrl+J 组合键复制"荷花"图层，按下 Ctrl+T 组合键打开自由变换命令，在要调整的复制图像上单击鼠标右键，在弹出的快捷菜单中选择"水平翻转"命令调整图像，将调整好的图像拖曳到舞台下方，如图 5-5 所示。

（7）在"图层"面板中单击"创建新图层"按钮 ▭，将创建的新图层命名为"大米"。使用"钢笔工具" ✐（按下快捷键 P）和"转换点工具" ⋏，创建并调整大米路径，将创建的路径载入选区，将选区填充为白色。然后按下 Ctrl+D 组合键，取消选区，效果如图 5-6 所示。

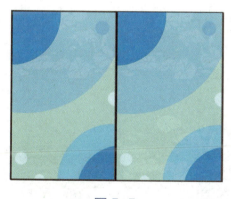

图 5-5

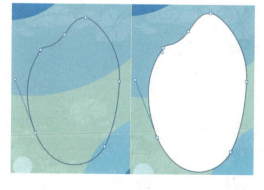

图 5-6

（8）在"图层"面板中单击"创建新图层"按钮 ▭，将创建的新图层命名为"天空"。使用"渐变工具" ▭（按下快捷键 G），为该图层填充从（RGB：239，184，76）到（RGB：

250，250，221）的渐变；在"天空"图层上单击鼠标右键，在弹出的快捷菜单中选择"创建剪贴蒙版"命令，为"天空"图层创建剪贴蒙版，效果如图 5-7 所示。

（9）在"图层"面板中单击"创建新图层"按钮 ，将创建的新图层命名为"太阳"。单击选择"椭圆工具" （按下快捷键 U），在属性栏中设置渐变颜色为从（RGB：243，212，111）到（RGB：241，184，85）到（RGB：236，116，28），创建正圆，效果如图 5-8 所示。

图 5-7

（10）在工具箱中选择"矩形工具" （按下快捷键 U），在属性栏中设置"填充颜色"为（RGB：243，212，111），创建矩形，将该图层命名为"稻田 1"。然后为该图层添加"描边"图层样式，设置 "大小"为 3 像素，"位置"为外部，"描边颜色"为（RGB：193，196，30）；最后在"稻田 1"图层上单击鼠标右键，在弹出的快捷菜单中选择"创建剪贴蒙版"命令，为图层创建剪贴蒙版，效果如图 5-9 所示。

（11）参考步骤（10）的方法，分别绘制出其他稻田部分，"填充颜色"依次为（RGB：184，213，89）、（RGB：231，168，48）、（RGB：214，212，36）、（RGB：143，195，31）、（RGB：52，173，55）；"描边颜色"均为（RGB：131，106，55），用与步骤（10）同样的方法为所有的稻田部分创建剪贴蒙版，效果如图 5-10 所示。

图 5-8   图 5-9   图 5-10

（12）在"图层"面板中单击"创建新图层"按钮 ，将创建的新图层命名为"稻田高光部分"。选择"画笔工具" （按下快捷键 B），在属性栏中设置"画笔大小"为 39 像素，绘制稻田高光部分，"画笔颜色"依次为（RGB：190，196，68）、（RGB：157，185，71）、（RGB：187，134，33）、（RGB：180，178，34）；在该图层上单击鼠标右键，在弹出的快捷菜单中选择"创建剪贴蒙版"命令，为图层创建剪贴蒙版，效果如图 5-11 所示。

（13）在"图层"面板中单击"创建新图层"按钮 ，将创建的新图层命名为"山体"。使用"钢笔工具" （按下快捷键 P），结合使用"转换点工具" 创建并调整山体路径。将创建的路径载入选区，将选区填充为绿色（RGB：33，157，85），填充后按 Ctrl+D 组合键取消选区；使用同样的方法绘制其他的山体，并分别填充为暗绿色和水蓝色，参考颜色依次为（RGB：33，133，105）、（RGB：111，195，171）；在该图层上单击鼠标右键，在弹出的快捷菜单中选择"创建剪贴蒙版"命令，为图层创建剪贴蒙版，效果如图 5-12 所示。

（14）在"图层"面板中单击"创建新图层"按钮 ，将创建的新图层命名为"山体高光部分"。使用"画笔工具" （按下快捷键 B），在属性栏中设置"画笔大小"为 15 像素，绘制山体高光部分，"画笔颜色"依次为（RGB：76，181，110）、（RGB：54，161，129）、（RGB：176，219，208）；继续为"山体高光部分"图层创建剪贴蒙版效果，如图 5-13 所示。

（15）在"图层"面板中单击"创建新图层"按钮 ，将创建的新图层命名为"路面"。使用"钢笔工具" （按下快捷键 P），在属性栏中设置"选择工具模式"为形状，"填充颜色"为（RGB：248，219，165），"描边颜色"为（RGB：245，164，24），"描边大小"为 3 像素，结合使用"转换点工具" 创建并调整路面形状。按下 Ctrl+J 组合键，将路面图层进行复制，并修改其"填充颜色"为灰色（RGB：162，174，130），"描边颜色"为（RGB：245，164，24），效果如图 5-14 所示。

图 5-11

图 5-12

图 5-13

图 5-14

（16）选择"文件"——"置入嵌入对象"命令，置入"稻谷素材.png"文件。置入素材后，按下 Ctrl+T 组合键调整素材的位置和大小，效果如图 5-15 所示。

（17）参考步骤（16）的方法，依次置入"房子.png""高铁.png""货车.png""水上荷花.png"素材，置入后分别调整素材的位置和大小，并为"高铁.png"创建剪贴蒙版效果，如图 5-16 所示。

（18）分别在"图层"面板中单击"创建新图层"按钮 ，创建两个新图层，然后将新图层分别命名为"烟雾 1""烟雾 2"。使用"钢笔工具" （按下快捷键 P），在属性栏中设置"填充颜色"为白色，结合使用"转换点工具" ，创建并调整烟雾形状，效果如图 5-17 所示。

（19）使用"竖排文字工具" （按下快捷键 T），创建文字"东津细米"，在属性栏中设置"字体"为方正粗黑宋简体，"大小"为 120 点，"颜色"为白色。并为该图层添加"描边"图层样式。设置"大小"为 10 像素，"位置"为外部，"颜色"为（RGB：239，184，76）；继续添加"斜面和浮雕"图层样式，设置"深度"为 200%，"大小"为 7 像素，效果如图 5-18 所示。

图 5-15

图 5-16

图 5-17

图 5-18

（20）继续创建文字"稻花香"，在属性栏中设置"字体"为方正粗黑宋简体，"大小"为 47 点，"颜色"为白色，使用相同的方法输入其余的文字部分，效果如图 5-19 所示。

（21）使用"矩形工具" （按下快捷键 U），绘制矩形并填充颜色为白色，效果如图 5-20 所示。

（22）将所有的图层、图层组选中，拖曳到"创建新组"按钮上 ，将该图层组命名为"正面"。选中"正面"图层组，按下 Ctrl+J 组合键，将该图层组进行复制并重新命名为"背面"。然后将"正面"图层组隐藏，将"背面"图层组中不需要的部分进行删除，效果如图 5-21 所示。

（23）单击"大米"图层，在属性栏中修改"填充颜色"为（RGB：247，244，168），"描边颜色"为白色，"描边大小"为 50 像素，效果如图 5-22 所示。

（24）使用"横排文字工具" （按下快捷键 T），输入文字"东津细米""稻花香""产品信息""营养成分""温馨提示""烹饪指南"等，在属性栏中选择"东津细米"文字字体为方正粗黑宋简体，文字大小为 120 点，颜色为黑色；"稻花香"文字大小为 38 点；"产品信息""营养成分"文字大小为 25 点，"温馨提示""烹饪指南"文字大小为 25 点，其余的正文文字的大小为 20 点或 15 点，颜色均为黑色，效果如图 5-23 所示。

图 5-19

图 5-20

图 5-21

图 5-22

（25）单击"直线工具" ![直线工具图标]（按下快捷键 U），绘制直线作为大米名称和正文部分的分割线；单击"圆角矩形工具" ![圆角矩形工具图标]（按下快捷键 U），绘制圆角矩形，作为营养成分表的外边框；再次使用"直线工具" ![直线工具图标]绘制直线，作为表头名称和表格内容部分的分割线，效果如图 5-24 所示。

（26）复制"正面"图层组里的"稻谷"图层，并将其拖曳到"背面"图层组里，然后调整素材大小，并将其放置到合适位置，如图 5-25 所示。

（27）选择"文件"——"存储为"命令，在弹出的"存储为"对话框中，选择"JPEG"格式，将设计好的正面图与背面图导出。

图 5-23

图 5-24

图 5-25

（28）在所给的素材文件夹中，双击打开"大米包装设计样机.psd"。在图层面板中找到"正面"图层，双击打开图层后，再选择"文件"——"置入嵌入对象"命令，在弹出的对话框中选择"正面"图片，置入后调整素材大小与页面大小相同。然后对"背面"图层执行相同的操作。按下 Ctrl+S 组合键将文件保存，效果如图 5-26 所示。

图 5-26

（29）至此，"荷城稻花香东津细米"包装设计制作完成，如图 5-27 所示。

图 5-27

温馨提示：

"剪贴蒙版"是由多个图层组成的群体组织，"创建剪贴蒙版"命令是通过使用处于下方图层的形状来限制上方图层的显示状态，实现剪贴画效果。最下面的一个图层叫作基底图层（简称基层），位于其上的图层叫作顶层。基层只能有一个，顶层可以有若干个。

小技巧：

在使用"钢笔工具"（快捷键为 P）时，如想使用"转换点工具"，应当按住 Alt 键，再按住鼠标左键在锚点上拖曳，此时可以只调整一侧的控制杆，而不影响另一侧已经调节好的路径效果。

在使用"画笔工具"（快捷键为 B）时，默认使用前景色进行绘图。通过 CapsLock 键可以在普通模式和精确光标模式之间进行切换；通过【键或】键可以进行画笔大小的调节；

通过 Shift+【组合键或 Shift+】组合键可以进行画笔笔刷硬度的调节；通过数字键可以调节画笔笔刷的不透明度；通过 Shift+数字键可以调节画笔笔刷的流量。

二、工作检查

我的实际完成结果和理论结果比较，是否存在不足之处？如有，请分析原因。

_____

_____

_____

_____

【知识链接】

1. 包装的含义及功能

包装是指为在流通过程中保护产品、方便储运、促进销售，按一定的技术制作出所用的容器、材料和辅助物等的总体名称。包装是实现商品价值和使用价值，并增加商品价值的一种手段，包装示例如图 5-28 所示。

图 5-28

包装给商品在装卸、盘点、发货、收货等流通环节的贮、运、调、销带来便利；通过包装的材质及形式，可以让消费者知道商品的属性，传达消费信息；同时，包装使美术与自然科学相结合，使商品免受自然因素（如日晒、雨淋等）的侵袭，起着保护和美化商品的作用，从而吸引顾客，有利于销售，提高商品附加值。

2. 包装的常见分类

随着社会的不断发展，各种新观念、新材料、新工艺不断地涌现和更新，促使包装的分类也呈现多元化特征，示例如图 5-29 所示。

（1）按产品种类分：有食品包装、药品包装、文化用品包装、机电产品设备包装、危险品包装等。

（2）按包装材料属性分：有纸盒包装、塑料包装、金属包装、竹木器包装、玻璃容器包装、木箱包装、复合材料包装等。

（3）按包装材料的软硬程度分：有硬包装、半硬包

图 5-29

装和软包装等，其中硬包装如金属罐、木版箱、瓦楞纸箱等，软包装如纸袋、塑料薄膜、

铝箔袋等。

（4）按商品的销售范围分：有内销产品包装、外销产品包装等。

（5）按包装工艺技术分：有一般包装、缓冲包装、真空吸塑包装、防水包装、防震包装、防锈包装、防霉包装、喷雾式包装、压缩包装，充气包装等。

（6）按包装的档次分：普通包装、简易包装、礼品包装等。

（7）按包装的用途分：通用包装、专用包装、特殊包装（如军用品、化学用品）等。

3. 包装的常用材料

包装是产品的重要构成部分，它不仅起着方便储运的作用，而且可以直接与产品的综合质量产生关联，好的包装可以赋予商品附加价值。包装设计常用的材料如下。

（1）木质：木质原材料多用于体积较大的产品和较长途的物流运输。木质包装包括可拆式拼接箱、木框板条箱、密闭式的木箱和木框高密度纤维板（椴木胶合板）箱等。

（2）纸质：纸原材料具有重量轻、成本低、可回收利用、适于打印等优势，是包装设计中运用最广泛的原材料之一。纸质包装材料可以分为瓦楞纸、箱板纸、白板纸、白卡纸、纸袋纸、防油纸、玻璃纸等。

（3）塑料：塑料具有较好的防水性、耐油性，重量轻、成本低、易加工，也是一种常见的包装材料。塑料包装包括塑料包装袋、塑料箱、塑料瓶等。

（4）玻璃：它具有价格低廉、易清理、易于密封、制作工艺简便、抗腐性、透明性、可反复运用等优点，符合绿色包装材料的内在要求。玻璃作为包装材料主要用于调味品、饮料、酒类、化妆品，以及液态化工产品等的包装。

（5）金属：随着制作技能的进步，金属包装成为深受大家喜欢的包装方式。金属包装包括马口铁罐、铝箔包装、易拉罐和复合材料包装等。

【思政园地】

观赏"荷稻共生"美景

学生：老师，我是外地来这边上学的，我想知道荷花和水稻一起种植到底是什么样的美景呢？

老师：在稻田中，深浅不同的秧苗组成一幅幅稻田艺术画卷，漫步田间，美景尽收眼底。百亩荷塘里，荷叶田田，一朵朵粉色的荷花亭亭玉立于水中，微风拂过，荷香弥漫。不同的季节还有不同的风景呢！

学生：哪里有这样的景色？

老师：建议你在稻田丰收的时候去看，就是放暑假的时候，你可以去实地感受一下。值得注意的是在观看和拍照时要注意安全，做到文明观赏，不要去采摘荷花，这会影响和破坏景观；采摘也会触碰到水稻导致稻麦掉落，导致破坏劳动人民的成果。

学生：那好的，谢谢老师。

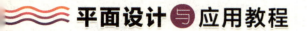

▶ 任务二　"荷城福礼'覃塘毛尖'"包装设计

【工作情景描述】

覃塘毛尖生产的历史可追溯至1966年。那时，贵县（今贵港市）供销社土产公司开办茶厂，覃塘区以覃塘龙凤、龙岭、松柏山一带，黄练以莫村、何村一带，开发种植了大面积的茶园，由此开启了覃塘现代茶园的规模种植。目前，覃塘区茶叶种植主要分布在莲花山脉，黄练镇莫村、何村的壮帽山，以及蒙公镇定布的党园山、猪槽山。

请你根据覃塘毛尖的背景，进行茶叶包装设计。

【建议学时：8学时】

【学习结构】

【工作过程与学习活动】

学习活动2　工作实施

学习活动1　工作准备

学习活动3　总结与评价

学习活动 ② 工作实施

💡 学习目标

能根据既定的工作计划，通过小组合作方式，落实实施步骤。

建议学时：6学时

⏰ 学习过程

一、工作实施步骤

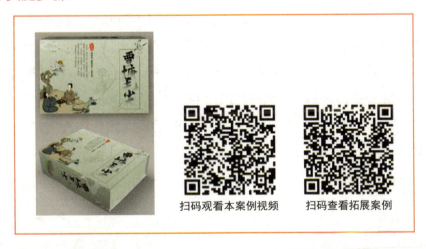

扫码观看本案例视频　　扫码查看拓展案例

（1）启动 Photoshop CC 2019 软件，新建一个"宽度"为30厘米、"高度"为20厘米大小的图像文件，设置名称为"覃塘毛尖茶叶包装设计"，"分辨率"为300像素/英寸，"颜色模式"为 RGB 颜色，单击"创建"按钮。

（2）在工具箱中单击"前景色"按钮▇，在弹出的"拾色器"对话框中，设置颜色为白色，此时按下 Alt+Delete 组合键，将画布填充为白色。

（3）单击"图层"面板下方的"创建新图层"按钮 ▢，新建一个图层，命名为"渐变"。在工具箱中选择"渐变工具" ▭（按下快捷键 G），设置渐变属性为线性渐变，渐变颜色为浅绿（RGB：197，203，186）到深绿（RGB：168，176，154），然后在画布上拖动出合适的渐变，效果如图 5-30 所示。

（4）设置前景色为白色，在工具箱中选择"自定义形状工具" ✿（按下快捷键 U），"形状"选择花朵 ✿，在画布上绘制出大小合适的图形，并将其移动至合适的位置，将绘制出的形状图层命名为"投影形状"，效果如图 5-31 所示。

（5）选中"投影形状"图层，单击"图层"面板下方的"添加图层样式"按钮 **fx**，在弹出的下拉列表中选择"投影"样式，在弹出的对话框中设置"混合模式"为正片叠底，"颜色"为墨绿色（RGB：32，40，25），"不透明度"为 45%，"距离"为 0，"扩展"为 0，"大小"为 40，得到的效果如图 5-32 所示。

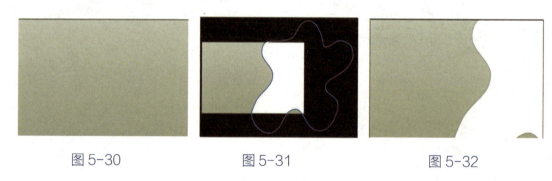

| 图 5-30 | 图 5-31 | 图 5-32 |

（6）在"图层"面板中选中"渐变"图层，按下 Ctrl＋J 组合键复制图层。调整图层顺序，将复制出来的"渐变 拷贝"图层移动至"投影形状"图层的上方，然后单击鼠标右键，在弹出的快捷菜单中选择"创建剪贴蒙版"命令，得到如图 5-33 所示的效果。

（7）选择"文件"——"置入嵌入对象"命令，在弹出的"置入嵌入的对象"对话框中，找到"覃塘毛尖茶叶包装设计"素材文件夹，选择"底纹.png"素材文件，单击"置入"按钮。然后调整素材至合适的大小和位置，得到如图 5-34 所示的效果。

（8）在"图层"面板中选中"底纹"图层，将图层混合模式修改为"颜色加深"，得到的效果如图 5-35 所示。

| 图 5-33 | 图 5-34 | 图 5-35 |

（9）在"图层"面板中选中"渐变"图层，选择"文件"——"置入嵌入对象"命令，

置入"荷花线稿.png"素材文件，然后调整素材至合适的大小和位置，得到如图 5-36 所示的效果。

（10）在"图层"面板中选中"荷花线稿"图层，将图层混合模式修改为"叠加"，得到的效果如图 5-37 所示。

（11）选择"文件"——"置入嵌入对象"命令，置入"古人品茶.png"素材文件，调整素材至合适的大小和位置，得到如图 5-38 所示的效果。

图 5-36　　　　　　　　　图 5-37　　　　　　　　　图 5-38

（12）单击"图层"面板下方的"创建新图层"按钮 🔲，新建一个图层，命名为"涂抹"。在工具箱中选择"画笔工具" 🖌️（按下快捷键 B），将画笔颜色设置为绿色（RGB：175，183，161），选择柔边画笔，"大小"为 170，"不透明度"为 34%，在合适的位置上涂抹，效果如图 5-39 所示。

（13）选择"文件"——"置入嵌入对象"命令，分别置入"荷花 01.png""荷花 02.png""仙鹤.png"三个素材文件，调整素材至合适的大小和位置，得到如图 5-40 所示的效果。

（14）在工具箱中选择"矩形工具" ⬛（按下快捷键 U），在属性栏中设置"选择工具模式"为形状，无填充颜色，"描边颜色"为黑色，在画布上绘制出合适的矩形，得到如图 5-41 所示的效果。

图 5-39　　　　　　　　　图 5-40　　　　　　　　　图 5-41

（15）选中"矩形"图层，单击"图层"面板下方的"添加图层蒙版"按钮 🔲，使用黑色的画笔在合适的位置涂抹，效果如图 5-42 所示。

（16）在工具箱中选择"直线工具" ╱（按下快捷键 U），"粗细"设置为 4，在矩形的缺角上绘制出合适的直线，如图 5-43 所示。

（17）在工具箱中选择"文字工具" 🅣（按下快捷键 T），分别输入文字"覃""塘""毛"

"尖"，在属性栏中设置"字体"为字魂135号—云腾手书，"字号"为155点，"颜色"为黑色。在工具箱中选择"移动工具" ，将所有文字排列至合适位置，如图5-44所示。

图5-42　　　　　　　　　　　图5-43　　　　　　　　　　　图5-44

（18）在工具箱中选择"渐变工具" ▢（按下快捷键G），设置渐变属性为线性渐变，渐变颜色为黑白渐变。分别选中"罩""塘""毛""尖"四个文字图层，单击"图层"面板下方的"添加图层蒙版"按钮 ◉，分别给四个文字图层添加蒙版。使用"渐变工具"在蒙版中拉出合适的渐变，图层如图5-45所示，得到的效果如图5-46所示。

（19）选择"文件"——"置入嵌入对象"命令，置入"纸张.png"素材文件，调整素材至合适的大小和位置，得到如图5-47所示的效果。

图5-45　　　　　　　　　　　图5-46　　　　　　　　　　　图5-47

（20）在"图层"面板中选中"纸张"图层，将图层混合模式修改为"叠加"，图层不透明度修改为"25%"，得到如图5-48所示的效果。

（21）单击"图层"面板下方的"添加新的填充或调整图层"按钮 ◉，在弹出的面板中选中"曲线"命令，将图像整体调亮，如图5-49所示。

（22）单击"图层"面板下方的"添加新的填充或调整图层"按钮 ◉，在弹出的面板中选中"色彩平衡"命令，调整图像的色调，如图5-50所示。

（23）在工具箱中选择"横排文字工具" T（按下快捷键T），分别输入文字，在属性栏中设置"字体"为思源宋体，"字号"为13点和15点，"颜色"为墨绿色（RGB：57，58，0），在工具箱中选择"移动工具" ✛，将所有文字排列至合适位置，如图5-51所示。

（24）在工具箱中选择"钢笔工具" ✐（按下快捷键P），在属性栏中设置"选择工具模式"为形状，"填充颜色"为红色（RGB：255，0，0），无描边，在画布中绘制出印章的形状，并且在"图层"面板中将图层命名为"印章"，得到如图5-52所示的效果。

图 5-48   图 5-49   图 5-50

图 5-51   图 5-52   图 5-53

（25）在工具箱中选择"横排文字工具" **T**（按下快捷键 T），分别输入文字，在属性栏中设置"字体"为迷你简柏青，"字号"为 17 点，"颜色"为黑色，在工具箱中选择"移动工具" ，将所有文字排列至合适位置，如图 5-53 所示。

（26）在"图层"面板中选中"茶文化"文字图层，单击鼠标右键，在弹出的快捷菜单中选择"转换为形状"命令，然后按下 Ctrl＋X 组合键剪贴路径，接着按下 Ctrl＋V 组合键粘贴路径，此时选择工具箱中的"直接选择工具" （按下快捷键 A），在属性栏中选择"排除重叠形状"，如图 5-54 所示，得到的效果如图 5-55 所示。

（27）选择"文件"——"置入嵌入对象"命令，分别置入"茶杯.png""树枝.png"两个素材文件，调整素材至合适的大小和位置，得到如图 5-56 所示的效果。此时完成包装正面效果图制作。

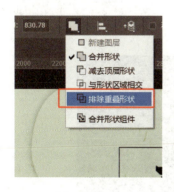

图 5-54   图 5-55   图 5-56

（28）开始制作包装侧面效果图。新建一个"宽度"为 8 厘米、"高度"为 30 厘米大小的图像文件，设置名称为"侧面效果"，"分辨率"为 300 像素/英寸，"颜色模式"为 RGB

颜色，单击"创建"按钮。

（29）在工具箱中单击"前景色"图标■，将前景色修改为绿色（RGB：166，177，154），按下 Alt+Delete 组合键，为画布填充前景色。

（30）选择"文件"——"置入嵌入对象"命令，分别置入"侧面茶杯.png""烟.png"及"花.png"三个素材文件，调整素材至合适的大小和位置，得到如图 5-57 所示的效果。

（31）选中正面效果图文件中的"覃塘毛尖"标题，将其移动至画布中合适的位置，如图 5-58 所示。

（32）选择"文件"——"置入嵌入对象"命令，置入"底纹.png"素材文件，调整素材至合适的大小和位置。在"图层"面板中选中"底纹"图层，将图层混合模式修改为"颜色加深"，得到的效果如图 5-59 所示。

（33）选择"文件"——"置入嵌入对象"命令，置入"纸张.png"素材文件，调整素材至合适的大小和位置。在图层面板中选中"纸张"图层，将图层混合模式修改为"叠加"，图层不透明度修改为"25%"，得到如图 5-60 所示的效果。

图 5-57　　　　　图 5-58　　　　　图 5-59　　　　　图 5-60

（34）单击"图层"面板下方的"添加新的填充或调整图层"按钮◑，在弹出的面板中选中"曲线"命令，将图像整体调亮，如图 5-61 所示。

（35）单击"图层"面板下方的"添加新的填充或调整图层"按钮◑，在弹出的面板中选中"色彩平衡"命令，调整图像的色调，如图 5-62 所示。

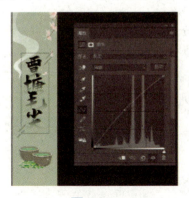 

图 5-61　　　　　　　　　　　　图 5-62

（36）此时完成茶叶包装效果图制作，如图 5-63 所示。

图 5-63

温馨提示：

在图层面板中，混合模式用于控制当前图层中的像素与它下面图层中的像素如何混合，除背景图层外，其他图层都支持混合模式。它可用于制作选区、特殊效果和合成图像，但不会对图像造成任何实质性的破坏。

在图层面板中调整图层的操作和调用菜单里的调整图层命令作用是一样的，只是前者结合了蒙版，通过一个新的图层来对图像或图像的部分进行色彩的调整，不影响图像本身，且可利用调整图层反复多次重新进行调整。而调整图层命令则是对图像本身进行调整，不利于修改。

小技巧：

在"混合模式"弹出菜单中，可滚动查看各个选项，以了解它们在图像上的外观效果。Photoshop 会在画布上显示混合模式的实时预览效果。

仅"正常""溶解""变暗""正片叠底""变亮""线性减淡（添加）""差值""色相""饱和度""颜色""明度""浅色""深色"混合模式适用于 32 位图像。

二、工作检查

我的实际完成结果和理论结果比较，是否存在不足之处？如有，请分析原因。

_____

_____

_____

_____

_____

_____

_____

【知识链接】

1. 包装设计的原则

围绕包装的基本功能，包装设计的原则是：科学、经济、牢固、美观、适销。随着社会的发展、市场竞争的加强与商品的丰富，包装设计原则还应考虑到信息明确原则、情感表达原则、文化内涵原则，其中文化内涵原则包含了品牌文化、传统文化、地域文化。

2. 包装设计的要素

包装设计的构成要素包括外形要素、构图要素、材料要素。

1）外形要素

外形要素即商品包装展示面的外形，包括展示面的大小、尺寸和形状。我们应按照包装设计的形式美法则结合产品自身功能的特点，将各种因素有机、自然地结合起来，以求得完美统一的设计形象。

2）构图要素

构图是指将商品包装展示面的商标、图形、文字等元素组合排列在一起的一个完整的画面。

3）材料要素

材料要素是商品包装所用材料（如纸类材料、塑料材料、金属材料、玻璃材料、竹木材料、陶瓷材料及其他复合材料等）表面的纹理和质感。材料要素往往影响到产品包装的视觉效果。

3. 包装设计的定位策略

什么样的产品包装能吸引人们的注意，什么样的产品包装能让人们选择购买，这就对同类产品的包装设计提出了更高的要求。定位策略是一种具有战略眼光的设计策略，它具有前瞻性、目的性、针对性等特点。在进行包装创意定位策略时，可以从以下几方面进行考虑：产品性能上的差异化、产品销售差异化、产品外形差异化、价格差异化、品牌的形象等。

产品走向市场、走向消费者的第一前提是对产品功能的深入研究。找出产品性能上的独特点作为创意设计重点即是产品性能的差异化策略。

寻找产品在消费群体、销售区域、销售目标、销售方式等方面的差异性即是产品销售的差异化策略。

通过寻找产品在包装结构设计、外观造型等方面的差异性，从而突出自身产品的特色即是产品外形差异化策略。

价格定位的目的是为了促销、增加利润，价格是商品买卖双方关注的焦点，也是影响产品销售的一个重要因素。不同的买方有不同的消费水平，任何一个价位都拥有相关的消费群体，这就是采用价格差异化策略的前提。

在品牌的形象策略中，强调品牌的商标或企业的标志为主体，通过用统一的形式、统一的色调、统一的形象来规范那些造型各异、用途不一又相互关联的产品，即通过包装的系列化突出其品牌形象。

需要注意的是，以上所述的包装创意定位策略在设计构思中并不孤立存在，很多时候是交叉考虑的。

【思政园地】

聊一聊：贵港茶韵

学生：老师，除了覃塘毛尖，贵港还有什么茶吗？

老师：贵港历史比较悠久的茶还有桂平西山茶和木梓阿婆茶呢。

学生：老师，我想知道它们的历史。

老师：桂平西山茶是广西著名的传统绿茶之一，因产于桂平市佛教圣地西山（古称"思灵寺庙"）而得名，素有"山有好景，茶有佳味"之说。西山茶起源于唐代，到明代闻名于两广、湘、闽等地，到清代则进入鼎盛时期，被列为全国名茶，选为贡品。清光绪《浔州府志》载："西山茶以嫩、翠、香、鲜为特色"。

老师：木梓阿婆茶历史悠久，早在清朝时期就有记载，制茶工艺已经延续了百年，2019年荣获贵港市手工制茶第一名，同年获得国家农产品地理标志登记。

学生：哇，原来贵港的茶文化历史也很悠久呢。

老师：中国茶文化博大精深，需要我们细致、深入地学习。

学生：嗯嗯，我知道了，谢谢老师。

▶ 课堂练习——商品信息展示图设计

【技术点拨】使用"渐变工具"制作背景效果，使用"椭圆工具"绘制正圆，为置入嵌入对象创建剪贴蒙版，使用"横排文字工具"输入文本，并应用图层样式，效果如图5-64所示。

【效果图所在位置】

扫码观看本案例视频

图 5-64

▶ 课后习题——商品细节图设计

【技术点拨】为图像添加图层蒙版，使用"画笔工具"涂抹、隐藏多余部分，使用"矩形工具""椭圆工具"绘制形状，为置入嵌入对象创建剪贴蒙版，使用"横排文字工具"输入文本，使用"钢笔工具"绘制曲线，效果如图 5-65 所示。

【效果图所在位置】

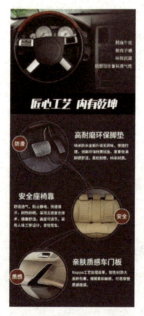

扫码观看本案例视频

图 5-65

项目六

广告设计

广告，就是广而告之，广泛地传播某种信息。随着社会的进步和发展，广告与我们的生活密不可分。通过广告的主题、创意、语言文字、形象、衬托等来完成广告的设计，从而起到吸引眼球，传播各种各样信息的作用。广告的设计与制作已经成为现代平面设计领域中一个重要分支，呈现出更大的商业性。

在本项目中，我们将利用 Photoshop CC 2019 软件的各种功能，完成"城市形象户外广告设计""新能源汽车广告设计"，从而掌握利用 Photoshop CC 2019 软件进行广告设计的方法与技巧。

学习目标

（1）掌握户外广告的设计原则。

（2）掌握广告设计的表现手法。

（3）掌握广告设计的构图。

项目分解

任务一　城市形象户外广告设计

任务二　新能源汽车广告设计

任务效果图展示（见图 6-1、图 6-2）

图 6-1

图 6-2

任务一 城市形象户外广告设计

【工作情景描述】

广西贵港市以"荷"为城，是一座拥有两千多年文化底蕴的古郡新城，也是一座充满生机的内河港口城市。荷城贵港，以"和"为核心，"和为贵"即"荷为贵"，具有很强的包容性。贵港以绿色为底色，创生态文明城市。

请你根据荷城贵港的背景，进行贵港城市形象户外广告设计。

【建议学时：8 学时】

【学习结构】

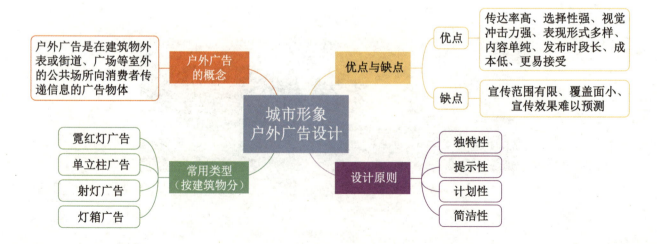

【工作过程与学习活动】

学习活动2　工作实施

学习活动1　工作准备

学习活动3　总结与评价

学习活动 ② 工作实施

学习目标

能根据既定的工作计划，通过小组合作方式，落实实施步骤。

建议学时：6学时

学习过程

一、工作实施步骤

扫码观看本案例视频　　　扫码查看拓展案例

（1）启动Photoshop CC 2019软件，选择"文件"——"新建"命令（按下Ctrl+N组合键），弹出"新建文档"窗口，新建一个"宽度"为180厘米、"高度"为60厘米，"分辨率"为300像素/英寸，"名称"为"城市形象户外广告"的图像文件，单击"创建"按钮。

（2）创建文档后，按下Ctrl+R组合键，在文档中显示标尺，从标尺上拖曳出辅助线至合适的位置，如图6-3所示。

（3）在工具箱中选择"渐变工具" ▭（按下快捷键G），设置渐变颜色从蓝色（RGB：0，162，255）到灰色（RGB：230，239，234）到青色（RGB：142，205，182），在属性栏中单击"线性渐变"按钮▭，为图像填充线性渐变，如图6-4所示。

（4）选择工具箱中的"矩形工具" （按下快捷键 U），在属性栏中设置"填充颜色"为棕色（RGB：129，50，9），在页面中绘制如图 6-5 所示的矩形。

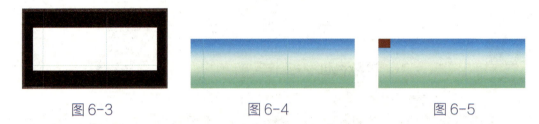

| 图 6-3 | 图 6-4 | 图 6-5 |

（5）选择工具箱中的"横排文字工具" （按下快捷键 T），输入"美丽"文字，设置"字体"为华为行楷，"大小"为 120 点。用同样的方法，输入"贵港"文字，如图 6-6 所示。

（6）参照步骤（4）的方法，在页面中绘制如图 6-7 所示的矩形。选择"横排文字工具" （按下快捷键 T），输入"一个充满温情的地方"文字，并设置合适的字体、字号，效果如图 6-8 所示。

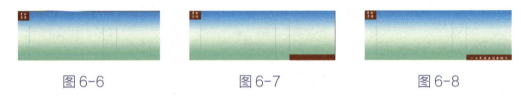

| 图 6-6 | 图 6-7 | 图 6-8 |

（7）在工具箱中选择"横排文字工具" （按下快捷键 T），输入"创"文字，在属性栏中设置"字体"为华文行楷，"大小"为 400 点，颜色为绿色（RGB：32，79，29），如图 6-9 所示。

（8）在工具箱中选择"横排文字工具" （按下快捷键 T），输入文字"全国文明城市"，在属性栏中设置"字体"为华文行楷，"大小"为 48 点，颜色为绿色（RGB：32，79，29）。为"全国文明城市"图层添加"描边"图层样式，具体参数设置如图 6-10 所示。用以上方法创建"建美丽幸福"文字，效果如图 6-11 所示。

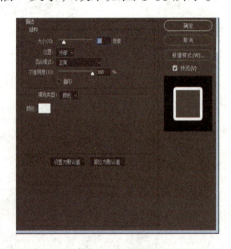

| 图 6-9 | 图 6-10 | 图 6-11 |

（9）在工具箱中选择"横排文字工具" T （按下快捷键 T），输入"贵港"文字，在属性栏中设置"字体"为华文行楷，"大小"为 500 点，颜色为绿色（RGB：122，188，118）。选择"贵港"图层，单击鼠标右键，在弹出的快捷菜单中选择"栅格化文字"命令，将文字图层栅格化。在工具箱中选择"套索工具" （按下快捷键 L），绘制如图 6-12 所示的选区，并按 Delete 键删除选区的内容，然后取消选区，此时的效果如图 6-13 所示。

图 6-12

图 6-13

（10）按住 Ctrl 键，单击"贵港"图层的图层缩览图，将其载入选区。设置前景色为绿色（RGB：122，188，118），选择"滤镜"——"渲染"——"纤维"命令，调整"纤维"对话框相应参数，具体参数设置如图 6-14 所示。选择"滤镜"——"风格化"——"风"命令，调整"风"对话框相应参数，具体参数设置如图 6-15 所示。得到如图 6-16 所示的效果。

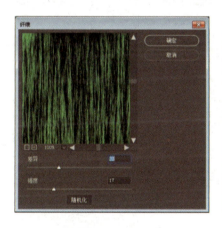

图 6-14

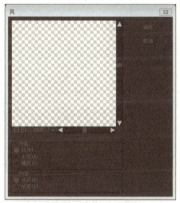

图 6-15

图 6-16

（11）使用"钢笔工具" （按下快捷键 P），在属性栏中设置"选择工具模式"为形状，"填充颜色"为绿色（RGB：66，142，59），参数设置如图 6-17 所示，在舞台中绘制如图 6-18 所示的形状，使用"转换点工具" 调整形状，然后使用"直接选择工具" ，调整点的位置，直至得到满意的效果。

图 6-17

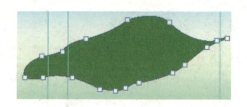

图 6-18

（12）使用"钢笔工具" ⬥（按下快捷键 P），在属性栏中设置"选择工具模式"为形状，"填充颜色"为绿色（RGB：66，142，59），在舞台中绘制如图 6-19 所示的形状。然后使用"转换点工具" ⬥ 调整形状，使用"直接选择工具" ⬥ 调整点的位置，直至得到满意的效果。接着为该图层添加"渐变叠加"图层样式，参数和效果分别如图 6-20、图 6-21 所示。

图 6-19　　　　　　　　图 6-20　　　　　　　　图 6-21

（13）置入"城市.png"图片素材，选择工具箱中的"钢笔工具" ⬥（按下快捷键 P），绘制如图 6-22 所示的路径。然后将路径转换为选区，按下 Shift+Ctrl+I 组合键进行反选，接着按下 Delete 键把选区的内容删除，最后按下 Ctrl+D 组合键取消选区。

（14）按下 Ctrl+L 组合键，弹出"色阶"对话框，并进行参数设置，如图 6-23 所示。

（15）将"城市"素材置于荷叶的中间，如图 6-24 所示。

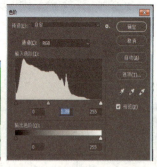

图 6-22　　　　　　　　图 6-23　　　　　　　　图 6-24

（16）选择工具箱中的"椭圆选框工具" ⬭（按下快捷键 M），设置前景色为灰色（RGB：212，220，211），在荷叶上绘制出椭圆形的水珠形状，命名为"水珠"。依次为水珠形状添加斜面和浮雕、内阴影、内发光、投影等图层样式，具体参数设置如图 6-25、图 6-26、图 6-27、图 6-28 所示。

图 6-25

图 6-26

图 6-27

图 6-28

（17）同时选中"荷叶"图层和"城市"图层，按下 Ctrl+E 组合键将"荷叶"图层和"城市"图层进行合并，命名为"荷城"，此时"荷城"效果如图 6-29 所示。

（18）使用"钢笔工具" （按下快捷键 P），绘制荷叶柄的形状。选择"滤镜"——"渲染"——"纤维"命令，然后根据需要调整"纤维"对话框相应参数。接着选择"滤镜"——"风格化"——"风"命令，在弹出的"风"对话框中设置相应参数，如图 6-30 所示，得到如图 6-31 所示的效果。

图 6-29

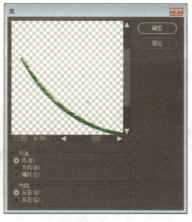
图 6-30

图 6-31

（19）置入"荷花.png"图片素材，按下 Ctrl+J 组合键复制图层，得到"荷花 拷贝"图层。

（20）在"图层"面板中选中"荷花 拷贝"图层，按下 Ctrl+T 组合键进入自由变换模式，在图像上单击鼠标右键，在弹出的快捷菜单中选择"垂直翻转"命令，出现荷花倒放的效果，如图 6-32 所示。

（21）新建一个名为"纹理"的图层，选择"滤镜"——"渲

图 6-32

149

染"——"云彩"命令，得到如图 6-33 所示的效果，然后选择"滤镜"——"扭曲"——"旋转扭曲"命令，在弹出的对话框中设置相应参数，如图 6-34 所示，得到如图 6-35 所示的效果。

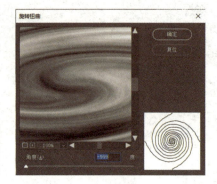

图 6-33

图 6-34

图 6-35

（22）选择"滤镜"——"扭曲"——"水波"命令，在"水波"对话框中进行相关参数的设置，如图 6-36 所示，效果如图 6-37 所示，调整该"纹理"图层图像大小与"荷花 拷贝"图层一致，如图 6-38 所示。然后按下 Ctrl+T 组合键使用"自由变换"命令，在当前图像上单击鼠标右键，在弹出的快捷菜单中选择"透视"命令，如图 6-39 所示。接着选择"文件"——"存储为"命令，存储为"纹理"文件，如图 6-40 所示。

图 6-36 　　　　　　图 6-37 　　　　　　图 6-38 　　　　　　图 6-39

（23）隐藏"纹理"图层，选择"荷花 拷贝"图层。然后选择"滤镜"——"扭曲"——"置换"命令，选择保存的"纹理.psd"文件置换，置换完成后就得到了水波涟漪荷花倒影的效果，如图 6-41 所示。

（24）选择工具箱中的"画笔工具" （按下快捷键 B），选择如图 6-42 所示的画笔类型，并设置"大小"为 400 像素。

（25）新建图层，命名为"文字变形"。设置前景色为黑色，利用画笔绘制如图 6-43 所示的形状。

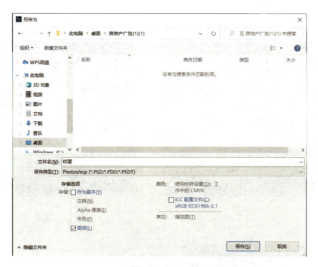

图 6-40

图 6-41

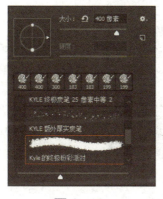

图 6-42

图 6-43

（26）选择工具箱中的"画笔工具" 🖌（按下快捷键 B），选择如图 6-42 所示的画笔类型，并设置"大小"为 400 像素，"不透明度"为 24%，"流量"为 36%，画笔属性如图 6-44 所示，然后再在画布中绘制图形，最终效果如图 6-45 所示。

图 6-44

（27）选择"滤镜"——"滤镜库"命令，在弹出的"滤镜库"对话框中选择"画笔描边"卷展中的"喷溅"效果，在右侧的参数面板中设置合适的参数，如图 6-46 所示，单击"确定"按钮。

（28）选择"滤镜"——"风格化"——"扩散"命令，在弹出的"扩散"对话框中使用默认的参数，单击"确定"按钮，如图 6-47 所示。

（29）选择"滤镜"——"扭曲"——"旋转扭曲"命令，在弹出的对话框中设置"角度"为-400 度，得到"巳"变形图形，效果如图 6-48 所示。然后为其添加图层样式，并进行参数设置，如图 6-49 所示。复制多层"巳"图层，得到如图 6-50 所示的效果。

图 6-45　　　　　　　图 6-46　　　　　　　图 6-47

图 6-48　　　　　　　图 6-49　　　　　　　图 6-50

（30）新建图层，命名为"山峰"。选择工具箱中的"多边形套索工具" （按下快捷键 L），绘制山峰图形，如图 6-51 所示。选择工具箱中的"渐变工具" （按下快捷键 G），设置渐变颜色为从（RGB：198，213，197）到（RGB：228，23，230），对"山峰"图层进行渐变设置，效果如图 6-52 所示。

图 6-51　　　　　　　　　　　　　　图 6-52

（31）分别选择工具箱中的"涂抹工具" 涂抹工具 和"减淡工具" 减淡工具 对山峰进行调整，效果如图 6-53 所示。然后选中"山峰"图层，选择"编辑"——"变换"——"变形"命令，对山峰进行变形操作，得到如图 6-54 所示的效果。

图 6-53　　　　　　　　　　　　　　图 6-54

（32）选择"文件"——"置入嵌入对象"命令，置入"莲心塔.jpg"素材。用"钢笔工具" （按下快捷键 P）绘制路径，将路径转换为选区，按下 Shift+Ctrl+I 组合键进行反选，然后按 Delete 键把选区的内容删除，取消选区，效果如图 6-55 所示。

图 6-55

（33）选择工具箱中的"画笔工具" （按下快捷键 B），设置画笔的属性，如图 6-56 所示，然后设置前景色为淡黄色（RGB：214，204，164），用"画笔工具"绘制"云彩"，效果如图 6-57 所示。

（34）至此，"城市形象户外广告设计"制作完成，最终效果如图 6-58 所示。

图 6-56

图 6-57

图 6-58

温馨提示：

选择"钢笔工具"绘制荷叶时，选择"工具模式"为形状 。

二、工作检查

我的实际完成结果和理论结果比较，是否存在不足之处？如有，请分析原因。

_____

_____

_____

_____

_____

_____

【知识链接】

1. 户外广告的概念、特点

户外广告是在建筑物外表或街道、广场等室外的公共场所向消费者传递信息的广告物体。户外广告是面向所有公众的，所以比较难以选择具体目标对象，但是户外广告可以在固定的地点长时间地展示企业的形象及品牌，因而对于提高企业和品牌的知名度是很有效的。

2. 户外广告的常用类型

按建筑物分，可以把户外广告分为以下几种常见类型。

（1）霓虹灯广告：由玻璃管加热后弯曲成各种形状，组成文字或者广告图案，再结合霓虹灯灯管颜色，在夜间能够产生视觉上的冲突，达到凸显广告，吸引注意的效果。

（2）单立柱广告：单立柱广告在高速公路、交通的主干道等车流密集的地方比较常见，支撑柱形式以 T 型或 P 型立柱为多，广告画面使用的尺寸通常为 6 米（高）×18 米（宽）。

（3）射灯广告：射灯广告是指有灯光照射的广告牌，通过周围灯光照射，可以清晰地看到广告的信息内容，更具美观性，传播效果好。

（4）灯箱广告：灯箱广告白天是彩色广告牌，晚上则可以内发光，由于灯管置于内部，所用灯管较易损耗，维修困难。该类广告多固定在建筑外墙、顶楼等位置。

3. 户外广告的优点与缺点

户外广告还可分为平面和立体两大类：平面的有路牌广告、招贴广告、壁墙广告、海报、条幅等；立体广告分为霓虹灯、灯箱广告等。在户外广告中，路牌、招贴是最为重要的两种形式，影响甚大。

1）优点

（1）传达率高：随着社会的进步，人们生活水平的不断提高，人们出行、活动空间的不断扩大，户外广告遍地分布，能有理想的传达率。

（2）选择性强：户外广告可以根据地区的特点来选择不同的广告表现形式，也可以根据某地区消费者的共同心理特点、风俗习惯来设计。

（3）视觉冲击力强、表现形式多样、内容单纯：在公共场合，巨型广告牌视觉冲击力强，能使人印象深刻；简捷、内容单纯，能凸显广告的主题；表现形式也很多样。

（4）发布时段长、成本低、更易被受众接受：户外广告是全天发布的，它只需伫立在那儿，不需任何干涉。户外广告成本低，设计精美的广告能给人留下深刻的印象。

2）缺点

户外广告一般都是固定位置的，宣传范围有限，覆盖面小。户外广告的对象是在户外活动的人，户外活动的人具有流动性，有时对广告只是"一面之缘"，不同的人对广告的关注度会有偏差，宣传效果难以预测。富有创造力的广告才能吸引眼球。

4．户外广告的设计原则

1）独特性

户外广告可以根据环境定义尺寸大小，没有统一的要求，可以结合当地的文化、标示进行设计，具有多样性。还可以通过文字处理和图形设计来提高整体的画面感。

2）提示性

户外广告的对象是户外活动的人，人具有流动性，所以在设计户外广告的时候要考虑到人经过的时间。人对具有提示性且简单的广告会印象深刻。

3）计划性

有特点并吸引人的户外广告往往比其他广告具有计划性。有目标有方向，在设计广告的时候会更有创意，使广告更能引人注目。

4）简洁性

户外广告设计追求简而精，整个画面要简洁，设计精致，独具匠心，不需过于繁杂，单纯、简洁就好。

【思政园地】

"今日贵港"小课堂

学生：老师您好，我是外地来的同学，我有个疑问，为什么贵港有荷城之称呀？

老师：贵港，以荷闻名，称为荷城，是一座拥有两千多年文化底蕴的古郡新城，也是一座充满生机的内河港口城市。

学生：老师，我发现有些贵港本地人的电话，为什么来电显示是玉林的呢？

老师：这个跟贵港历史有关。贵港以前名称为贵县，1971 年，贵县属玉林地区，1988 年，贵县经国务院批准撤县建市并更名为贵港市，仍属玉林地区。1993 年贵港被列为国家一类对外开放口岸。1995 年，经国务院批准，县级贵港市升格为地级市。贵港市下辖桂平市、平南县、港北区、港南区、覃塘区。

学生：老师，快放假了，我想带点儿贵港的特产回家，您有什么推荐吗？

老师：家人喜欢喝茶的话，可以推荐覃塘毛尖、桂平西山茶。贵港以荷闻名，莲藕软糯香甜，贵港藕粉也不错。要是出去吃粉的话，桥圩鸭肉粉和桂平罗秀米粉是不错的。

学生：老师，现在我们贵港在创文明城市，为什么一定要创文明城市呢？

老师：贵港在不断地发展，创建文明城市，是贵港跟随时代脚步，践行社会主义核心价值观的一个重要途径，是实现中国梦贵港梦的重要举措，是一项利民惠民的工程，合民情、顺民意、得民心，这项工程无论是对于贵港还是对于贵港人民都有着深刻的意义，影响着我们贵港每一个地方，每一个人。为实现贵港社会稳定和长治久安，提升贵港文明程度和综合实力，创建文明城市十分必要。我们每个人都应该为贵港创建文明城市出一份力，积极配合，做好本职工作。

▶ 任务二　新能源汽车广告设计

【工作情景描述】

　　绿色贵港，西江之畔。发展新能源汽车是国家战略，是未来发展的趋势，是我国从汽车大国走向汽车强国的必由之路。为响应国家号召，加快贵港创新发展，增添贵港经济发展"新引擎"，坚持走绿色发展道路，贵港大力发展新能源汽车。

　　请你根据顾客需求，进行新能源汽车广告设计。

【建议学时：8学时】

【学习结构】

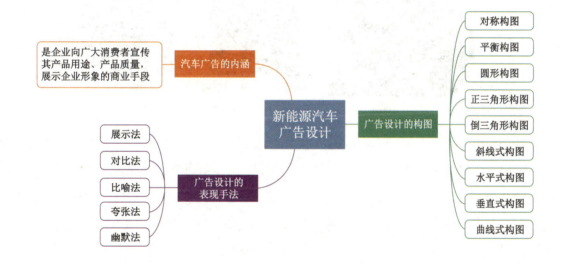

【工作过程与学习活动】

学习活动 ② 工作实施

💡 学习目标

能根据既定的工作计划，通过小组合作方式，落实实施步骤。

建议学时：6 学时

⏰ 学习过程

一、工作实施步骤

扫码观看本案例视频　　　扫码查看拓展案例

（1）启动 Photoshop CC 2019 软件，选择"文件"——"新建"命令（按下 Ctrl+N 组合键），弹出"新建文档"窗口，新建一个"宽度"为 750 像素，"高度"为 950 像素，"分辨率"为 300 像素/英寸，"名称"为"新能源汽车"的图像文件，单击"创建"按钮。

（2）在工具箱中选择"渐变工具" （按下快捷键 G），设置渐变颜色从青绿色（RGB：177，213，184）到灰色（RGB：230，242，233），在画布上从右边到左边拉动渐变操纵杆，得到的效果如图 6-59 所示。

（3）选择"文件"——"置入嵌入对象"命令，在弹出的"置入嵌入的对象"对话框中，找到"新能源汽车广告设计"文件夹，选择"地球.jpg"文件，单击"置入"按钮，然后调整图像大小和位置，效果如图 6-60 所示。

（4）在工具箱中选择"套索工具" （按下快捷键 L），绘制如图 6-61 所示的选区，在地球图像上单击鼠标右键，在弹出的快捷菜单中，选择"羽化"命令，设置羽化半径为 50 像素，单击"确定"按钮。

（5）再次在地球图像上单击鼠标右键，在弹出的快捷菜单中，选择"选择反向"命令，得到的选区如图 6-62 所示，按 Delete 键删除选区内容，按下 Ctrl+D 组合键取消选区，得到如图 6-63 所示的效果。

图 6-59

图 6-60

图 6-61

图 6-62

图 6-63

（6）选中"地球"图层，选择"图像"——"调整"——"色相/饱和度"命令，在弹出的对话框中设置"色相"数值为 3，"饱和度"数值为-26，"明度"数值为 0，按下"回车键"确定，得到的地球效果如图 6-64 所示。

（7）在工具箱中选择"横排文字工具" **T** （按下快捷键 T），输入文字"新能源"，设置"字体"为方正兰亭中黑_GBK，"大小"为 20 点，"颜色"为白色，并在"字符属性"面板中将文字设置为斜体，如图 6-65 所示。

（8）双击"新能源"文字图层，在弹出的"图层样式"面板中勾选"描边"选项并调整其属性，如图 6-66 所示，单击"确定"按钮，得到的效果如图 6-67 所示。

图 6-64

图 6-65

图 6-66

图 6-67

（9）参照步骤（7）的方法，输入文字"汽车"，设置"大小"为12点，为"汽车"文字图层添加"描边"图层样式并调整其属性，具体参数如图6-68所示，得到的效果如图6-69所示。

图6-68 图6-69

（10）继续输入文字"绿色出行 走向世界"，设置"字体"为方正兰亭中黑_GBK，"大小"为8点，"颜色"为灰绿色（RGB：44，127，56），效果如图6-70所示。为该文字图层添加"描边"图层样式并调整其属性，具体参数如图6-71所示，得到的效果如图6-72所示。

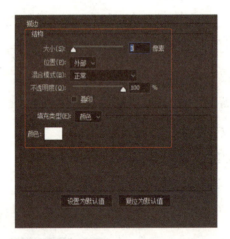

图6-70 图6-71 图6-72

（11）在工具箱中选择"矩形工具" ▢ （按下快捷键U），在属性栏中设置"选择工具模式"为形状，无填充颜色，"描边颜色"为绿色（RGB：80，153，88），"描边大小"为7像素，绘制矩形，效果如图6-73所示，将该矩形图层命名为"左边框"。在该图层上单击鼠标右键，在弹出的快捷菜单中选择"栅格化图层"命令，将该图层进行栅格化。

（12）在工具箱中选择"矩形选框工具" ▢ （按下快捷键M），绘制如图6-74所示的选区，按 Delete 键删除选区内容，再按下 Ctrl+D 组合键取消选区，得到的效果如图 6-75 所示。

（13）在工具箱中选择"椭圆工具" （按下快捷键 U），在属性栏中设置"选择工具模式"为形状，无填充颜色，"描边颜色"为绿色（RGB：44，127，56），"描边大小"为 8 像素，按住 Shift 键的同时拖曳鼠标左键绘制正圆，效果如图 6-76 所示，命名该图层为"左轮"。

图 6-73

图 6-74

图 6-75

（14）选择"移动工具" （按下快捷键 V），按住 Alt 键的同时，移动"左轮"图形，此时完成复制"左轮"的操作，将复制的图层命名为"右轮"，分别将"左轮""右轮"图层上的图像调整至合适位置，并将 2 个图层置于"绿色出行 走向世界"文字层的下层，如图 6-77 所示，得到如图 6-78 所示的效果。

图 6-76

图 6-77

图 6-78

（15）在工具箱中选择"椭圆工具" （按下快捷键 U），在属性栏中设置"选择工具模式"为形状，"填充颜色"为绿色（RGB：63，148，35），无描边，然后按住 Shift 键的同时拖曳鼠标左键绘制正圆，如图 6-79 所示。按照步骤（12）的方法删除选区内容，删除前的选区状态如图 6-80 所示，删除后得到如图 6-81 所示的效果。

图 6-79

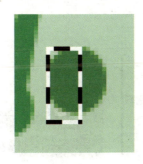

图 6-80

图 6-81

（16）在工具箱中选择"矩形工具" （按下快捷键 U），在属性栏中设置"选择工具模式"为形状，"填充颜色"为绿色（RGB：63，148，35），无描边，绘制矩形，如图 6-82 所示，将该矩形图层命名为"上矩形"。然后选择"移动工具" （按下快捷键 V），按住 Alt 键的同时，移动"上矩形"图形，此时完成复制"上矩形"的操作，命名复制的图层为"下矩形"图层。接着调整"上矩形""下矩形"图形至合适位置，如图 6-83 所示。

（17）在"图层"面板中单击"创建新图层"按钮 ，将新图层命名为"插线"。在工具箱中选择"钢笔工具" （按下快捷键 P），在属性栏中设置"选择工具模式"为路径，绘制如图 6-84 所示的路径。

（18）选中所绘制的路径，按下 Ctrl+Enter 组合键将路径转换为选区。在工具箱中选择"渐变工具" （按下快捷键 G），按照步骤（2）的方法，设置渐变颜色从绿色（RGB：47，157，63）到灰色（RBG：33，66，67），在图像上从右上角到左下角拉动渐变操纵杆，得到的效果如图 6-85 所示，按下 Ctrl+D 组合键取消选区。

  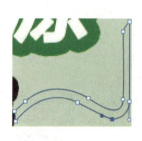 

图 6-82   图 6-83   图 6-84   图 6-85

（19）在"图层"面板中单击"创建新图层"按钮 ，将新图层命名为"车头"。在工具箱中选择"钢笔工具" （按下快捷键 P），在属性栏中设置"选择工具模式"为路径，绘制如图 6-86 所示的路径。

（20）设置前景色为黑色，在当前的图形上单击鼠标右键，在弹出的快捷菜单中选择"描边路径"命令，如图 6-87 所示，在"描边路径"对话框中选择"工具"为画笔，如图 6-88 所示，单击"确定"按钮，得到如图 6-89 所示的效果。

图 6-86   图 6-87   图 6-88   图 6-89

（21）使用鼠标双击"车头"图层，在弹出的"图层样式"对话框中勾选"描边"选项并调整其属性，如图 6-90 所示，设置"大小"为 3 像素，"位置"为外部，"混合模式"为正常，"不透明度"为 100%，"填充类型"为颜色，"颜色"为绿色（RGB：47，157，63），得到的效果如图 6-91 所示。

（22）在工具箱中选择"矩形工具" （按下快捷键 U），在属性栏中设置"选择工具模式"为形状，无填充颜色，"描边颜色"为绿色（RGB：80，153，88），"描边大小"为 7 像素，绘制矩形，效果如图 6-92 所示，将该矩形图层命名为"右边框"。在该图层上单击鼠标右键，在弹出的快捷菜单中选择"栅格化图层"命令，将该图层栅格化。

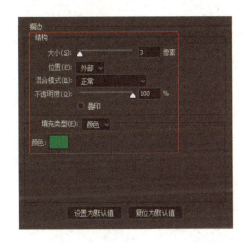

图 6-90

图 6-91

图 6-92

（23）在工具箱中选择"矩形选框工具" （按下快捷键 M），在属性栏中选择"添加到选区"，绘制如图 6-93 所示的选区，按 Delete 键删除选区内容。再按下 Ctrl+D 组合键取消选区，得到的效果如图 6-94 所示。

图 6-93

图 6-94

（24）在工具箱中选择"椭圆工具" （按下快捷键 U），在属性栏中设置"选择工具模式"为形状，"填充颜色"为黄色（RGB：254，210，90），无描边。然后拖曳鼠标左键绘制圆形，如图 6-95 所示，命名该图层为"太阳"。为该图层添加"渐变叠加"图层样式并调整其属性，如图 6-96 所示，得到的效果如图 6-97 所示。

（25）在"图层"面板中单击"创建新图层"按钮，将新图层命名为"外围"。在工具栏中选择"画笔工具"（按下快捷键 B），选择画笔的类型和属性如图 6-98 所示，绘制如图 6-99 所示的图形。

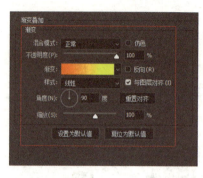

图 6-95   图 6-96   图 6-97

（26）选中"外围"图层，选择"渲染"——"风格化"——"风"命令，在弹出的对话框中设置"方法"为大风，"方向"为向左，单击"确定"按钮，得到的效果如图 6-100 所示。

（27）选择"渲染"——"扭曲"——"旋转扭曲"命令，在弹出的对话框中设置"角度"为-257 度，单击"确定"按钮，得到的效果如图 6-101 所示。

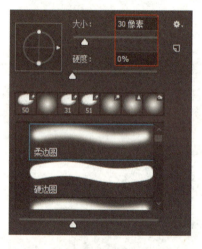

图 6-98   图 6-99   图 6-100   图 6-101

（28）选中"外围"图层，选择"编辑"——"变换"——"变形"命令，对控制点和方块区域进行拖动以调整图像的形状，直至调整到合适的效果，如图 6-102 所示。按下"回车键"确定，效果如图 6-103 所示。

（29）在"图层"面板中单击"创建新图层"按钮，将新图层命名为"草地"。在工具箱中选择"钢笔工具"（按下快捷键 P），在属性栏中设置"选择工具模式"为路径，绘制如图 6-104 所示的路径。选中路径，按下 Ctrl+Enter 组合键将路径转换为选区。设置前景色为红色（RGB：50，134，81），按下 Alt+Delete 组合键填充选区颜色，效果如图 6-105 所示，按下 Ctrl+D 组合键取消选区。

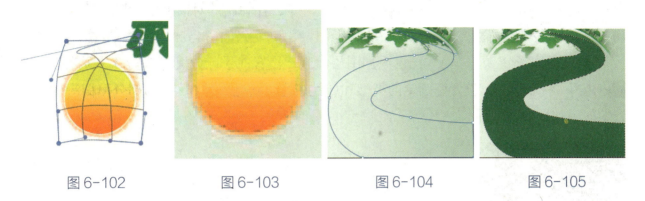

图 6-102　　　　　图 6-103　　　　　图 6-104　　　　　图 6-105

（30）选中"草地"图层，选择"渲染"——"杂色"——"添加杂色"命令，在弹出的对话框中设置"数量"为 15%，"分布"为平均分布，单击"确定"按钮，得到草地效果如图 6-106 所示。

（31）为"草地"图层添加"投影"图层样式并调整其属性，在对话框中设置"混合模式"为正常，"颜色"为绿色（RGB：61，143，81），"不透明度"为 60%，"角度"为 135 度，勾选"全局光"，"距离"为 12 像素，"扩展"为 8%，"大小"为 7 像素，单击"确定"按钮，得到草地投影效果如图 6-107 所示。

（32）选择"移动工具"　（按下快捷键 V），按住 Alt 键的同时，移动"草地"图形，此时完成复制"草地"的操作，命名复制的图层为"草地 1"图层。按照步骤（30）的方法为复制图像设置投影效果，并设置不透明度为 76%，将图像调整至合适位置，得到的效果如图 6-108 所示。

（33）参照步骤（3）的方法，置入"新能源汽车.png"文件，并将其置于适当位置，如图 6-109 所示。

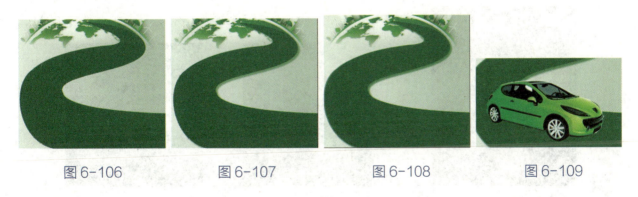

图 6-106　　　　　图 6-107　　　　　图 6-108　　　　　图 6-109

（34）选中"新能源汽车"图层，选择"图像"——"调整"——"色彩平衡"命令，在弹出的面板中设置相应参数值，如图 6-110 所示，按下"回车键"确定，得到的汽车效果如图 6-111 所示。

（35）选择"移动工具" ⊹（按下快捷键 V），按住 Alt 键的同时，移动"新能源汽车"图形，此时完成复制"新能源汽车"的操作，命名复制的图层为"新能源汽车 1"图层。选择"渲染"——"模糊"——"径向模糊"命令，在弹出的对话框中设置"数量"值为10，"模糊方法"为缩放，"品质"为好，单击"确定"按钮，得到的效果如图 6-112 所示。

（36）为"新能源汽车 1"图层添加图层蒙版，设置前景色为黑色，选择"画笔工具" ✦（按下快捷键 B），设置好画笔的类型和属性，将"新能源汽车 1"的部分模糊涂抹，得到的效果如图 6-113 所示。

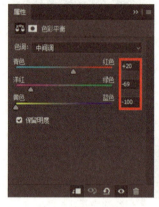   

图 6-110　　　　　图 6-111　　　　　图 6-112　　　　　图 6-113

（37）在"图层"面板中单击"创建新图层"按钮 ▫，将新图层命名为"绿色尾气"。在工具箱中选择"画笔工具" ✦（按下快捷键 B），在属性面板中选择笔的类型和属性，如图 6-114 所示。设置前景色为绿色（RGB：103，234，60），绘制如图 6-115 所示的图形。

（38）在工具箱中选择"椭圆工具" ○（按下快捷键 U），在属性栏中设置"选择工具模式"为形状，"填充颜色"为灰色（RGB：204，204，204），无描边，然后绘制椭圆，接着按下 Ctrl+T 组合键旋转图形方向，得到的效果如图 6-116 所示。

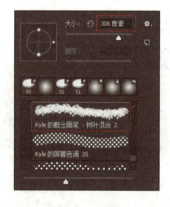  

图 6-114　　　　　图 6-115　　　　　图 6-116

（39）在工具箱中选择"矩形工具" ▫（按下快捷键 U），在属性栏中设置"选择工具模式"为形状，"填充颜色"为灰色（RGB：187，190，197），无描边，然后绘制矩形，如

图 6-117 所示，并将该图层命名为"支柱"。

（40）双击"支柱"图层，在弹出的"图层样式"对话框中勾选"斜面和浮雕"选项并调整其属性，设置"样式"为内斜面，"方法"为平滑，"深度"为 30%，"方向"为上，"大小"为 5 像素，"软化"为 0 像素，勾选"全局光"，其他参数默认，单击"确定"按钮，得到的效果如图 6-118 所示。

（41）选择"移动工具" ✛（按下快捷键 V），按住 Alt 键的同时，移动"支柱"图形，此时完成复制"支柱"的操作，命名复制的图层为"支柱 1"图层。然后按下 Ctrl+T 组合键调整图形至合适大小，得到如图 6-119 所示的图形。

（42）在工具箱中选择"圆角矩形工具" ▢（按下快捷键 U），在属性栏中设置"选择工具模式"为形状，"填充颜色"为黑色，无描边，半径为 10 像素。然后绘制一个圆角矩形，如图 6-120 所示，将该形状图层命名为"屏幕 1"。

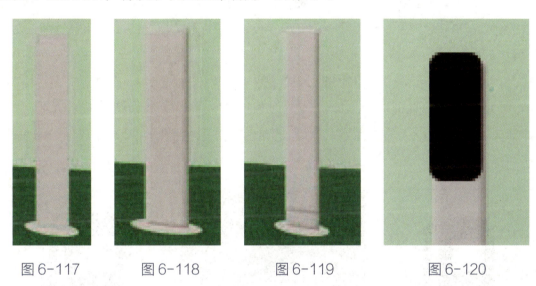

图 6-117　　　　图 6-118　　　　图 6-119　　　　图 6-120

（43）选择"移动工具" ✛（按下快捷键 V），按住 Alt 键的同时，移动"屏幕 1"图形，此时完成复制"屏幕 1"的操作，然后命名复制的图层为"屏幕 2"图层。选中"屏幕 2"图层，在工具箱中选中"圆角矩形工具" ▢（按下快捷键 U），在属性栏中将"屏幕 2"的"填充颜色"更改为灰色（RGB：187，190，197），如图 6-121 所示。

（44）双击"屏幕 2"图层，在弹出的"图层样式"面板中勾选"斜面和浮雕"选项并调整其属性，设置"样式"为内斜面，"方法"为平滑，"深度"为 40%，"方向"为上，"大小"为 5 像素，"软化"为 0 像素，勾选"全局光"，其他参数默认，单击"确定"按钮，得到的效果如图 6-122 所示。

（45）选择"移动工具" ✛（按下快捷键 V），按住 Alt 键的同时，移动"屏幕 1"图形，此时完成复制"屏幕 1"的操作，命名复制的图层为"屏幕 3"图层，按下 Ctrl+T 组合键将其调整至合适大小，得到如图 6-123 所示的图形。

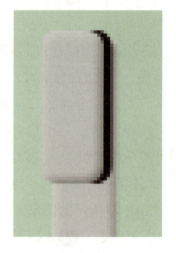

图 6-121　　　　　　　　图 6-122　　　　　　　　图 6-123

（46）在工具箱中选择"矩形工具" □（按下快捷键 U），在属性栏中设置"选择工具模式"为形状，"填充颜色"为灰色（RGB：187，190，197），无描边。然后绘制矩形，效果如图 6-124 所示。

（47）在工具箱中选择"圆角矩形工具" □（按下快捷键 U），在属性栏中设置"选择工具模式"为形状，设置圆角矩形 4 个圆角形状属性，具体参数如图 6-125 所示，"描边颜色"为黑色，"描边大小"为 1 像素，无填充颜色。然后绘制圆角矩形，如图 6-126 所示，将该图层命名为"电池"。

图 6-124　　　　　　　　图 6-125　　　　　　　　图 6-126

（48）在工具箱中选择"矩形工具" □（按下快捷键 U），在属性栏中设置"选择工具模式"为形状，"填充颜色"为绿色（RGB：103，234，60），"描边颜色"为黑色，"描边大小"为 1 像素。然后绘制矩形，效果如图 6-127 所示，将该图层命名为"刻度 1"。

（49）使用上面复制图形的方法，分别复制"刻度 1"图层 2 次，并分别命名复制图层为"刻度 2""刻度 3"，然后调整三个图层中图形的位置，得到如图 6-128 所示的效果。

（50）在"图层"面板中单击"创建新图层"按钮 🖫，将新图层命名为"闪电"。选择工具箱中的"钢笔工具" 🖊 （按下快捷键 P），在属性栏中设置"选择工具模式"为路径，绘制如图 6-129 所示的路径。选中所绘制的路径，按下 Ctrl+Enter 组合键将路径转换为选区。设置前景色为黄色（RGB：255，166，1），按下 Alt+Delete 组合键填充选区颜色，按下 Ctrl+D 取消选区，得到的效果如图 6-130 所示。

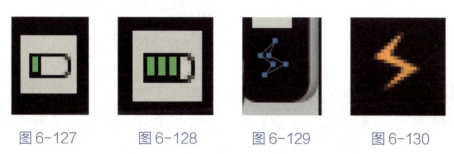

图 6-127　　　　图 6-128　　　　图 6-129　　　　图 6-130

（51）在"图层"面板中单击"创建新图层"按钮 🖫，将新图层命名为"充电线"。选择工具箱中的"钢笔工具" 🖊 （按下快捷键 P），绘制如图 6-131 所示的路径。选中所绘制的路径，按下 Ctrl+Enter 组合键将路径转换为选区。然后设置前景色为灰色（RGB：187，190，197），按下 Alt+Delete 组合键填充选区颜色，按下 Ctrl+D 组合键取消选区，效果如图 6-132 所示。

（52）双击"充电线"图层，在弹出的"图层样式"对话框中勾选"描边"选项并调整其属性，设置"大小"为 2 像素，"位置"为内部，"混合模式"为正常，"不透明度"为100%，"颜色"为黑色，单击"确定"按钮，得到的效果如图 6-133 所示。

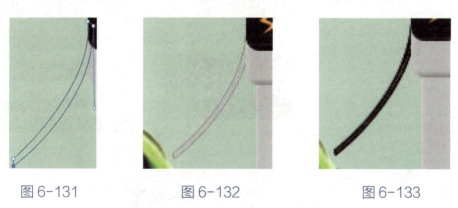

图 6-131　　　　　　图 6-132　　　　　　图 6-133

（53）在工具箱中选择"钢笔工具" 🖊 （按下快捷键 P），绘制如图 6-134 所示的路径。在工具箱中选择"横排文字工具" T （按下快捷键 T），输入文字"创新贵港 爱在路上"，设置"字体"为方正兰亭中黑_GBK，"大小"为 3 点，"颜色"为黄色（RGB：255，166，1），如图 6-135 所示。然后为该文字图层添加"投影"图层样式并调整其属性，具体参数如图 6-136 所示，得到文字投影效果，如图 6-137 所示。

（54）在"图层"面板中单击"创建新图层"按钮 🖫，将新图层命名为"箭头"。在工具箱中选择"矩形选框工具" ▭ （按下快捷键 M），绘制如图 6-138 所示的选区。在工具箱中选择"渐变工具" （按下快捷键 G），设置渐变颜色从绿色（RGB：3，55，10）到灰色（RBG：157，180，4），在选区中从上边到下边拉动渐变操纵杆，出现绿黄界限明显的渐变。然后按下 Ctrl+D 组合键取消选区，效果如图 6-139 所示。

| 图 6-134 | 图 6-135 | 图 6-136 | 图 6-137 |

（55）在工具箱中选择"涂抹工具" ，在属性面板中选择画笔的类型和属性，如图 6-140 所示。在工具箱中选择"钢笔工具" （按下快捷键 P），从左上角色块中央位置开始绘制一条曲线路径，如图 6-141 所示。在路径上单击鼠标右键，在弹出的快捷菜单中选择"描边路径"命令，在弹出的"描边路径"对话框中选择"涂抹"，如图 6-142 所示，单击"确定"按钮，得到的效果如图 6-143 所示。

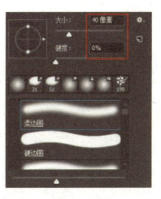

| 图 6-138 | 图 6-139 | 图 6-140 |

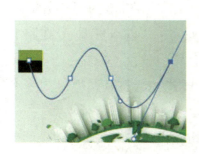

| 图 6-141 | 图 6-142 | 图 6-143 |

（56）在工具箱中选择"矩形选框工具" （按下快捷键 M），在"箭头"右侧上方绘制选区，如图 6-144 所示，然后按下 Ctrl+T 组合键打开自由变换命令，按住 Ctrl 键的同时，将其调整成箭头形状，如图 6-145 所示。

（57）使用"矩形选框工具" 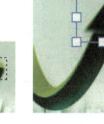将不需要的部分选中，按下 Delete 键删除，得到如图 6-146 所示的图形，按下 Ctrl+T 组合键旋转图形并将其调整至合适的位置。然后选择"移动工具" （按下快捷键 V），按住 Alt 键的同时，移动"箭头"图形，此时完成复制"箭头"的操作，命名复制的图层为"箭头 1"图层，调整复制图层中图形的位置，得到如图 6-147 所示的效果。

图 6-144　　　　　图 6-145　　　　　图 6-146　　　　　图 6-147

（58）参照步骤（3）的方法，置入"家.png"文件，并将其置于适当位置，如图 6-148 所示。

（59）在工具箱中选择"横排文字工具" （按下快捷键 T），分别输入"咨询热线：666-123456""地址：广西贵港市产业园区"文本，设置"字体"为方正兰亭中黑_GBK，"大小"为 4 点，"颜色"为白色，如图 6-149、图 6-150 所示。

（60）至此，"新能源汽车广告设计"制作完成，最终效果如图 6-151 所示。

图 6-148　　　　　图 6-149　　　　　图 6-150　　　　　图 6-151

温馨提示：

（1）制作立体箭头时，使用"渐变工具"做下拉操作时颜色界限要明显。

（2）在 Photoshop 中，使用"涂抹工具"时，产生的效果好像是用干笔刷在未干的油墨上擦过。也就是说笔触周围的像素将随笔触一起移动。

小技巧：

介绍几个常用命令的快捷键："色彩平衡"命令的组合键为 Ctrl+B，"色相/饱和度"命令的组合键为 Ctrl+U，"曲线"命令的组合键为 Ctrl+M。

二、工作检查

我的实际完成结果和理论结果比较，是否存在不足之处？如有，请分析原因。

_____

_____

_____

_____

_____

【知识链接】

1．汽车广告的内涵

汽车广告是企业向广大消费者宣传其产品用途、产品质量，展示企业形象的商业手段。

2．广告设计的表现手法

1）展示法

直接地把真实产品图片或主题放在画面的主要位置，以便展示在消费者的面前。可以将产品的质地呈现出来，给人以逼真的感觉，使消费者对所宣传的产品产生一种亲切感和信任感。

2）对比法

把设计作品中所描绘的事物的性质和特点用鲜明的对照手法表现出来，通过这种手法可以更鲜明地强调或提示产品的性能和特点，从而给消费者深刻的视觉感受。

3）比喻法

比喻法是指在设计过程中选择两个不相关，但在某些方面又有些相似的事物，"以此物喻彼物"。虽然比喻的事物与主题没有直接的关系，但是某一点上与主题的某些特征有相似之处，因而可以借题发挥，进行延伸转化，生动而通俗地传播主题，从而取得良好的艺术效果。

4）夸张法

以现实生活为依据，通过丰富的想象力，对广告作品中所宣传的对象的品质或特性的某个方面加以强调，以加深或扩大消费者对这些特征的认识。使产品的特征更鲜明、突出、动人。

5）幽默法

指在广告作品中巧妙地再现喜剧的特征，通过抓住生活中某些现象来做幽默化的设计，比如可将人们的性格、外貌和举止的某些特征用幽默的表现手法进行展示，可增加画面的趣味性，使人们对广告产品产生浓厚的兴趣。

3．广告设计的构图

广告布局又称广告构图，是指在一定规格的版面位置内，把一则广告作品的设计要点（包括广告文案、图画、背景、饰线等）进行创意性编排、设计，通过布局安排，以取得最佳的广告宣传效果。

构图的基本结构形式要求简约，通常有以下几种。

（1）对称构图：对称是设计中最古老的构图方式，是指图案沿中轴线对称排布，给人自然、均匀、整齐、平衡、稳定、安全、严肃、庄重的感觉。

（2）平衡构图：广告设计中构图的平衡，是指通过图像的形状、大小、轻重、色彩、材质等元素进行组合搭配，能给人造成视觉上和心理上的平衡，令人产生平衡感、稳定感、安全感。

（3）圆形构图：视觉柔和，具有内向、亲切的感觉，圆形构图可形成饱满、圆滑的视觉效果。

（4）正三角形构图：画面上给人以坚强、镇静、沉稳的感觉。

（5）倒三角形构图：给人一种明快、动态的感觉。需要注意的是，在构图时一定要注意左右两边有些不同的变化，这样才能打破两边的绝对平衡，使画面更活泼。

（6）斜线式构图：表现物体运动、变化，能使画面产生动感。

（7）水平式构图：常给人开阔、平静、舒坦、稳重的感觉。

（8）垂直式构图：常给人严肃、庄重、静寂的感觉。

（9）曲线式构图：常以 S 型为主，视线按照流线方向流动。曲线式构图的线条最美，感染力最强。

【思政园地】

新能源汽车，绿色出行

学生：老师，我看到你开了一个"mini"的汽车来学校，在贵港也看到有好多人开这样的汽车。

老师：是呀，现在很流行，这个是新能源汽车，使用起来非常方便。

学生：新能源汽车？这个跟我们传统的汽车有什么区别呀？

老师：新能源汽车是指采用非常规车用燃料作为动力来源的车型，采用新技术、新结构的汽车。与传统汽车相比，新能源汽车有节约燃油能源、减少废气排放、效率高、噪音小等优点。

学生：贵港为什么要大力发展新能源汽车呢？

老师：近年来，广西贵港市大力实施"工业兴市、工业强市"发展战略，全力打造广西第二汽车生产基地，新能源汽车产业发展不断提速，产业集聚效应日渐凸显，是贵港经济发展的新引擎，在保护环境的同时发展经济。

▶ 课堂练习——商品快递与售后图设计

【技术点拨】分别使用"圆角矩形工具""椭圆工具""钢笔工具""多边形套索工具"绘制人物、衣服、耳机等图形，使用"横排文字工具"输入文本。效果如图6-152所示。

【效果图所在位置】

图6-152

▶ 课后习题——主图设计

【技术点拨】分别使用"矩形工具""直线工具""圆角矩形工具"绘制形状，使用"横排文字工具"输入文本，使用"钢笔工具"绘制荷叶路径，使用"画笔工具"描边路径、绘制图形，通过"变形"命令调整图像的形状，为图像应用"添加杂色"滤镜效果。效果如图 6-153 所示。

【效果图所在位置】

图 6-153

扫码观看本案例视频

项目七

H5 设计

随着移动互联网的兴起，H5 逐渐成为互联网传播领域的一个重要传播形式，H5 指的是移动端上基于 HML5 技术的交互动态网页。H5 页面能抓住用户的需求，具有开发简单、成本低、传播能力强等特点，有助于提高市场竞争力，必将成为企业和商家宣传的重要渠道之一。因此，学习和掌握 H5 页面设计成为了广大互联网从业人员的重要技能之一。

在本项目中我们将利用 Photoshop CC 2019 软件的各种功能，完成"招商邀请函""电商产品"的 H5 页面设计与制作，从而掌握利用 Photoshop CC 2019 软件进行 H5 页面设计的方法与技巧。

学习目标

（1）认识 H5 的含义。
（2）掌握 H5 页面的常见类型。
（3）掌握 H5 页面的版面设计。
（4）掌握 H5 页面的色彩设计。
（5）掌握 H5 页面的文字设计。

项目分解

任务一　"招商邀请函" H5 页面设计
任务二　"电商产品" H5 页面设计

任务效果图展示（见图 7-1、图 7-2）

图 7-1

图 7-2

▶ 任务一 "招商邀请函" H5 页面设计

【工作情景描述】

广西贵港市"荷美覃塘"景区，是一个以荷花为主要自然景观，集花卉种植园、荷花精品园、民族风情村、民宿酒店等配套娱乐设施的荷文化观光旅游地，是集现代农业和休闲旅游为一体的新型旅游景区。

请你根据景区的背景，进行"荷美覃塘"的"招商邀请函"H5 页面设计。

【建议学时：8 学时】

【学习结构】

【工作过程与学习活动】

学习活动 ② 工作实施

💡 学习目标

能根据既定的工作计划，通过小组合作方式，落实实施步骤。

建议学时：6学时

学习过程

一、工作实施步骤

主页参考效果图

扫码观看本案例视频

扫码查看拓展案例

（1）启动 Photoshop CC 2019 软件，选择"文件"——"新建"命令（按下 Ctrl+N 组合键），弹出"新建文档"窗口，新建一个"宽度"为 604 像素，"高度"为 1008 像素，"分辨率"为 72 像素/英寸，"名称"为"H5 首页"的图像文件，单击"创建"按钮。

（2）选择"文件"——"置入嵌入对象"命令，在弹出的"置入嵌入的对象"对话框中，找到"招商邀请函 H5 页面设计"文件夹，选择"01 背景.png"文件，单击"置入"按钮，效果如图 7-3 所示。

（3）在工具箱中选择"矩形工具" ▢ （按下快捷键 U），在属性栏中设置"选择工具模式"为形状，"填充颜色"为从深蓝色（RGB：20，35，96）到深紫色（RGB：11，2，25）的渐变，在画布中绘制矩形，并将其调整至合适的大小、位置，效果如图 7-4 所示。

（4）选择"文件"——"置入嵌入对象"命令，置入"03 底纹.png"素材文件，效果如图 7-5 所示。

（5）在工具箱中选择"直排文字工具" ⬛ （按下快捷键 T），输入文字"邀请函"，设置"字体"为字魂 206 号-江汉手书，"大小"为 170 点，"颜色"为黄色（RGB：204，142，12），如图 7-6 所示。

（6）双击"邀请函"文字图层，在弹出的"图层样式"对话框中选择"斜面和浮雕"样式，具体参数设置如图 7-7 所示。

（7）勾选"内发光"样式，具体参数设置如图 7-8 所示。

图 7-3 　　　　　图 7-4 　　　　　图 7-5 　　　　　图 7-6

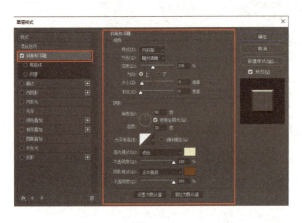
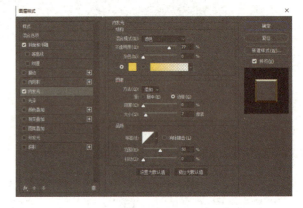

图 7-7 　　　　　　　　　　　图 7-8

（8）勾选"投影"样式，具体参数设置如图 7-9 所示。此时得到如图 7-10 所示的效果。

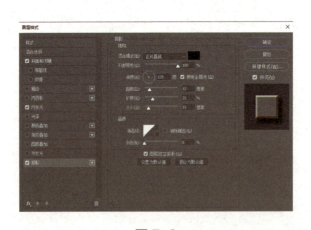

图 7-9 　　　　　　　　　　图 7-10

（9）选择"文件"——"置入嵌入对象"命令，置入"04 金属纹理.png"素材文件，使用鼠标右键单击"04 金属纹理"图层，在弹出的快捷菜单中选择"创建剪贴蒙版"命令，得到如图 7-11 所示的效果。

（11）参照步骤（5）的方法，分别输入"2022 年荷花展美食街招商大会""Investment promotion conference""中国·贵港""2022 年 06 月 06 日"文本，设置"字体"为微软雅黑，"大小"为 25 点，"颜色"为橙色（RGB：228，179，90）。然后调整文本至合适的位置，如图 7-12 所示。

（12）在工具箱中选择"直线工具" ╱（按下快捷键 U），设置"颜色"为橙色（RGB：255，188，0），"描边宽度"为 5 像素，在画布绘制直线并将其调整至合适位置，如图 7-13 所示。

图 7-11

图 7-12

图 7-13

（13）参照步骤（2）的方法，依次将"05 云朵.png""06 花枝.png""07 碎点.png"置入，并将其调整至合适大小、位置。至此，页面 1 设计完成，效果如图 7-14 所示。

（14）选中所有图层，单击"创建新组"按钮 ▣，将新组命名为"页面 1"，并单击"页面 1"组的眼睛图标，隐藏"页面 1"组，如图 7-15 所示。

（15）参照步骤（2）的方法，依次将"01 背景.png""08 荷花.png"素材文件置入，并将其调整至合适大小、位置，得到如图 7-16 所示的效果。

（16）在工具箱中选择"矩形工具" ▢（按下快捷键 U），在属性栏中设置"选择工具模式"为形状，"填充颜色"为深蓝色（RGB：16，19，63），在画布中绘制矩形并将其调整至合适大小、位置，如图 7-17 所示。

（17）参照步骤（2）的方法，将"09 边框.png""07 碎点.png""10 花枝.png""11 云朵.png"素材文件置入，并将其调整至合适大小、位置，得到如图 7-18 所示的效果。

（18）在工具箱中选择"横排文字工具" T（按下快捷键 T），输入"诚挚邀请"文本，设置"字体"为微软雅黑，"大小"为 100 点，"颜色"为橙色（RGB：255，188，0），将其调整至合适位置，如图 7-19 所示。

图 7-14   图 7-15   图 7-16   图 7-17

（19）继续输入"荷美覃塘……伟大时刻！"文本，设置"字体"为微软雅黑，"大小"为 54 点，"颜色"为橙色（RGB：255，188，0），将其调整至合适位置，如图 7-20 所示。

（20）参照步骤（12）的方法，在画布中画出直线并将其调整至合适位置，至此，完成页面 2 的制作，如图 7-21 所示。

图 7-18   图 7-19   图 7-20   图 7-21

（21）选中除"页面 1"组以外的所有图层，单击"创建新组"按钮 ，将新组命名为"页面 2"。然后单击"页面 2"组的眼睛图标按钮，隐藏"页面 2"组，如图 7-22 所示。

（22）参照步骤（15）至步骤（17）的方法，得到页面背景，如图 7-23 所示。

（23）在工具箱中选择"横排文字工具" （按下快捷键 T），输入"关于荷美覃塘"文本，设置"字体"为微软雅黑，"大小"为 100 点，"颜色"为橙色（RGB：255，188，0），然后调整文本至合适位置，如图 7-24 所示。

（24）继续输入"'荷美覃塘'……民风淳朴。"文本，设置"字体"为微软雅黑，"大小"为 58 点，"颜色"为橙色（RGB：255，188，0），然后调整文本至合适位置，如图 7-25 所示。

图 7-22

图 7-23

图 7-24

图 7-25

（25）参照步骤（2）的方法，置入"11 荷美覃塘.png"素材文件，如图 7-26 所示。

（26）在工具箱中选择"直线工具" ✏（按下快捷键 U），设置"颜色"为橙色（RGB：255，188，0），"描边宽度"为 5 像素，在画布中画出直线并将其调整至合适位置。至此，完成页面 3 的制作，如图 7-27 所示。

（27）选中除"页面 1""页面 2"组以外的所有图层，单击"创建新组"按钮▢，将新组命名为"页面 3"，然后单击"页面 3"组的眼睛图标，隐藏"页面 3"组，如图 7-28 所示。

（28）参照步骤（15）至步骤（17）的方法，得到页面背景，如图 7-29 所示。

图 7-26

图 7-27

图 7-28

图 7-29

（29）在工具箱中选择"横排文字工具" ⊤（按下快捷键 T），输入"荷美覃塘前景"文本，设置"字体"为微软雅黑，"大小"为 100 点，"颜色"为橙色（RGB：255，188，0），然后调整文本至合适的位置，得到如图 7-30 所示的效果。

（30）继续输入"荷美覃塘……委员会"文本，设置"字体"为微软雅黑，"大小"为 58 点，"颜色"为橙色（RGB：255，188，0），然后调整文本至合适位置，如图 7-31 所示。

（31）参照步骤（12）的方法，在画布中画出直线并将其调整至合适位置，至此，完成页面 3 的制作，如图 7-32 所示。

（32）选中除"页面 1""页面 2""页面 3"组以外的所有图层，单击"创建新组"按钮█，将新组命名为"页面 4"，并单击"页面 4"组的眼睛图标，隐藏"页面 4"组，如图 7-33 所示。

图 7-30   图 7-31   图 7-32   图 7-33

（33）参照步骤（28）至步骤（31）的方法，得到页面 5 的设计效果，如图 7-34 所示。

（34）参照步骤（15）至步骤（17）的方法，得到页面背景。在工具箱中选择"横排文字工具" █（按下快捷键 T），输入"在线报名"文本，设置"字体"为微软雅黑，"大小"为 100 点，"颜色"为橙色（RGB：255，188，0）。然后调整文本至合适位置，如图 7-35 所示。

（35）在工具箱中选择"矩形工具" █（按下快捷键 U），在属性栏中设置"选择工具模式"为形状，"填充颜色"为白色，在画布中画出合适大小的矩形，并调整矩形至合适的位置，如图 7-36 所示。

（36）继续输入"姓名"文本，设置"字体"为微软雅黑，"大小"为 86 点，"颜色"为灰色（RGB：37，37，37），然后调整文本至合适位置，如图 7-37 所示。

图 7-34   图 7-35   图 7-36   图 7-37

（37）参照步骤（35）、步骤（36）的方法，分别输入"电话""人数""提交"文本，其中"提交"的颜色为白色，"提交"下方矩形的颜色为绿色（RGB：0，153，68），效果如图 7-38 所示。

（38）参照步骤（12）的方法，在画布中画出直线并将其调整至合适位置，至此，完成页面 6 的制作，如图 7-39 所示。

（39）参照步骤（15）至步骤（17）的方法，得到页面背景。在工具箱中选择"横排文字工具" **T.**（按下快捷键 T），输入"联系我们"文本，设置"字体"为微软雅黑，"大小"为100 点，"颜色"为橙色（RGB：255，188，0），然后调整文本至合适位置，如图 7-40 所示。

（40）继续输入"负责人……龙凤村""微信二维码"文本，设置"字体"为微软雅黑，"大小"为 70 点，"颜色"为橙色（RGB：255，188，0），然后调整文本至合适位置，得到如图 7-41 所示的效果。

图 7-38　　　　　　图 7-39　　　　　　图 7-40　　　　　　图 7-41

（41）选择"文件"——"置入嵌入对象"命令，置入"12 微信二维码.png"素材文件，如图 7-42 所示。

（42）参照步骤（12）的方法，在画布中画出直线，并将其调整至合适位置，如图 7-43 所示。

（43）在"图层"面板中，选中除"页面 1""页面 2""页面 3""页面 4""页面 5""页面6"组以外的所有图层，单击"创建新组"按钮，将新组命名为"页面 7"，如图 7-44 所示。

图 7-42　　　　　　图 7-43　　　　　　图 7-44

（44）至此，"招商邀请函"H5 页面设计制作完成，如图 7-45 所示。注意：本项目中的二维码作为素材使用，并无实质内容。

图 7-45

温馨提示：

图层样式是指图形图像处理软件 Photoshop 中的一项图层处理功能，能够简单快捷地制作出各种立体投影，以及具有各种质感和光影效果的图像特效。与不应用图层样式的传统操作方法相比较，图层样式具有速度更快、效果更精确、更强的可编辑性等优势。应用图层样式十分简单，可以为包括普通图层、文本图层和形状图层在内的任何种类的图层应用图层样式。

在 Photoshop 中一共包含了 10 种图层样式，分别是投影、内阴影、外发光、内发光、斜面和浮雕、光泽、颜色叠加、渐变叠加、图案叠加、描边。

小技巧：

1. **图层样式的添加方法**

图层样式主要有三种添加方法——第一种方法是在软件主菜单栏上的"图层"选项卡下，我们可以看到一个"图层样式"的选项，选择该选项可进入图层样式的添加界面；第二种方法是点击"图层"面板下方的"添加图层样式" fx 按钮，在其下拉列表中选择想要添加的图层样式，并进入编辑界面；第三种方法是可以直接双击想要添加图层样式的图层，即可进入图层样式的编辑界面。

2. **图层样式的编辑方法**

在为图层添加了图层样式之后，我们可以在该图层的右侧看到 fx 的标志，也可以在图层下拉列表中清楚地看到我们为图层添加的图层样式种类。隐藏或显示图层，相应地也就是关闭或开启该图层样式的效果。

如果要添加或减去其中的图层样式，只需要勾选或者取消勾选相应的图层样式选项就可以了。

3. **图层样式的共享方法**

按住 Alt 键的同时用鼠标抓取 fx 图标，然后将其拖曳至放在要应用相同图层样式的图层上，这个图层样式就被共享到想要添加相同图层样式的图层上了。

另一种方法是用鼠标右键单击具有图层样式的图层，在弹出的快捷菜单中选择"复制图层样式"，然后用鼠标右键单击目标图层，在弹出的快捷菜单中选择"粘贴图层样式"。

4．图层样式的删除方法

如果想要删除不喜欢的图层样式，可以用鼠标抓取相应图层上的 fx 图标，并将其拖曳至"垃圾桶"图标上进行删除，这样就只会删除图层样式而不会删除图层本身了。

还有一种方法，用鼠标右键单击图层，在弹出的快捷菜单中选择"清除图层样式"，就会删除在该图层上应用的所有图层样式了。

二、工作检查

我的实际完成结果和理论结果比较，是否存在不足之处？如有，请分析原因。

_____

_____

_____

_____

_____

_____

【知识链接】

1．H5 的含义

H5 指的是移动端上基于 HTML5 技术的交互动态网页，也是用于移动互联网的一种新型营销工具，通过移动平台（如微信）传播。

2．H5 的特点

1）跨平台

H5 最大的优势就是跨平台，用户无须下载 APP 应用，只需打开一个网址即可访问，可以同时兼容 PC 端、IOS 和 Android 系统的移动端设备。

2）成本低

相对于海报宣传、电视宣传等来说，制作并推广 H5 并不需要花费多高的成本。制作 H5 可以在 H5 相关网站上直接套用模板编辑或者在编辑器中编辑，制作成本低。推广 H5 只需要一个链接或者一个二维码即可，不需要消耗很多的流量。

3）互动强

H5 的互动方式非常丰富，有翻页、擦除、问答、测试、手势交互等互动方式，这些互动方式能让用户的参与感和体验感增强。

4）易传播

H5 非常易于传播，是企业商家做宣传的有效媒介，比如在微信上分享 H5，只需要点击某个按钮就可以分享到朋友圈或发送给朋友。

3．招商邀请函的H5页面设计的构成框架

1）主页

主页为邀请函的第一页，也是主题页，是在最开始设计的页面，必须遵循主题鲜明、第一时间传达中心命题的原则。

2）副页

主页外的页面，通常可分为"感谢词""背景""规划""流程""信息收集""负责人联系方式"等内容。页面多少由内容决定，没有固定模式。只要把重要信息展示出来就可以了。

4．H5页面设计的常见风格

1）简约风

简约风是H5设计中经常使用的设计风格，设计师通过适当的留白处理，让页面整体看上去简约却不简单，让用户在视觉体验上感受到细致、高级，示例如图7-46所示。

2）科技风

科技风格的设计在互联网、汽车领域运用广泛，它能在第一时间吸引年轻用户的眼球，示例如图7-47所示。

3）卡通风

卡通绘画风格的主题有趣、易懂，经常被设计师应用于母婴、儿童用品等行业，示例如图7-48所示。

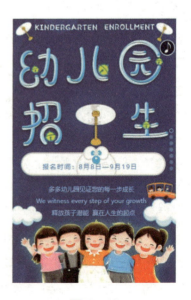

图7-46　　　　　　　　图7-47　　　　　　　　图7-48

4）中国风

中国风，是建立在中国传统文化的基础上，蕴含多样的中国元素、颜色组成的画面，示例如图7-49所示。

5）扁平化

扁平化设计主要是通过字体、颜色和形状等元素给观众清晰明了的视觉层次感，示例如图 7-50 所示。

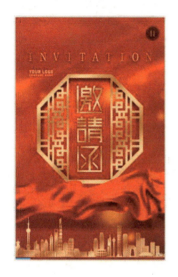

图 7-49

图 7-50

【思政园地】

荷美覃塘招商开发的意义

学生：老师，荷美覃塘不就是一个买票的景点吗？

老师：荷美覃塘围绕"生态农业、休闲养生、文化传承"建设要求，突出特色种养加工业和生态休闲观光元素，力争实现绿色生产、加工集散、示范带动、科普教育、休闲观光等功能，不只是卖个票，没有你认为得这么简单，它是一个产业。

学生：老师，为什么荷美覃塘需要做招商活动呢？

老师：荷美覃塘是咱们家乡的特色旅游产业，招商邀请是为了吸引更多有能力、有意愿、有想法的人来共同建设咱们的荷美覃塘。

学生：那荷美覃塘除了作为旅游景点和拥有优质莲藕产品这两个特点以外，还有哪些价值呢？

老师：咱们的荷美覃塘除了观光旅游和莲藕产品，还有休闲娱乐、文化传承在其中。通过招商吸引更多有志向、有创新精神的人加入荷美覃塘的建设当中，把荷美覃塘建设成为一个更加新颖、绿色、健康、富足的产业，使它早日成为广西五星级乡村旅游区和国家星级旅游景区，带动当地经济发展，造福当地人民。

学生：原来荷美覃塘有这么多的价值呢。老师，我也想服务家乡的发展，我应该怎么做呢？

老师：你需要做的是努力学习，先靠自己的能力走出大山，学习先进的文化知识，用丰富的学识武装头脑，练就本领后再回来服务家乡，这样才能更好地加入乡村振兴的队伍中来。

学生：那我要从现在开始好好努力学习了。

▶ 任务二　"电商产品" H5 页面设计

【工作情景描述】

　　藕遇旗舰店是贵港的本土企业，主要商品以莲藕、莲子为主。莲藕，微甜而脆；可生食也可做菜，药用价值高，能消食止泻，开胃清热。藕遇旗舰店为宣传覃塘莲藕商品、扩大其知名度，并吸引更多的顾客，决定举办以"藕遇"为主题的促销活动，此次促销活动主要以 H5 页面进行推广。

　　请你以藕遇旗舰店的促销活动为背景，进行"电商产品" H5 页面的设计与制作。

【建议学时：8 学时】

【学习结构】

【工作过程与学习活动】

学习活动2　工作实施

学习活动1　工作准备

学习活动3　总结与评价

学习活动 ② 工作实施

💡 学习目标

能根据既定的工作计划，通过小组合作方式，落实实施步骤。

建议学时：6学时

⏰ 学习过程

一、工作实施步骤

扫码观看本案例视频　　扫码查看拓展案例

（1）启动 Photoshop CC 2019 软件，选择"文件"——"新建"命令（按下 Ctrl+N 组合键），弹出"新建文档"窗口，新建一个"宽度"为 640 毫米，"高度"为 1008 毫米，"分辨率"为 72 像素/英寸，"名称"为"电商产品"的图像文件，单击"创建"按钮。

（2）在"图层"面板下方单击"新建图层"按钮 🗀 ，新建一个图层。在工具箱中将"前景色"修改为蓝色（RGB：0，158，150），按下 Alt＋Delete 组合键填充颜色，效果如图 7-52 所示。

（3）选择"文件"——"置入嵌入对象"命令，置入"背景.png"素材，并调整素材的大小及位置，效果如图 7-53 所示。

（4）新建"图层 2"，在工具箱中选择"钢笔工具" 🖊 （按下快捷键 P），绘制一个曲形的闭合叶子路径，按下 Ctrl+Enter 组合键，将路径载入选区，然后将"前景色"修改为深绿色（RGB：34，126，74），按下 Alt+Delete 组合键，填充选区，效果如图 7-54 所示。

（5）选中"图层 2"，按住 Ctrl 键的同时单击"图层 2"的缩览图，将图层 2 载入选区。

选择"画笔工具" ✎（按下快捷键 B），修改"画笔"为柔边圆，"大小"为 30 像素，"不透明度"为 15%，"前景色"为淡绿色（RGB：146，201，107），用"画笔工具"在叶子的边缘进行涂抹，效果如图 7-55 所示。

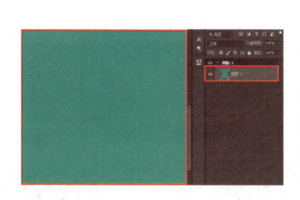

图 7-52

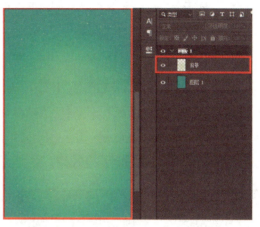

图 7-53

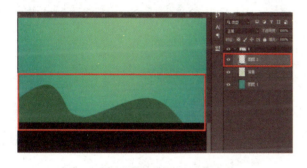

图 7-54

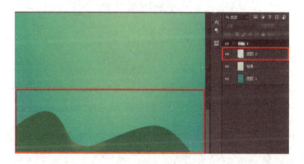

图 7-55

（6）在"图层"面板中，双击"图层 2"，在弹出的"图层样式"对话框中，选择"描边"样式，设置"大小"为 1 像素，"位置"为外部，"填充颜色"为淡绿色（RGB：129，199，92），得到如图 7-56 所示的效果。

（7）按照步骤（4）、步骤（5）、步骤（6）的方法，分别绘制两片叶子，并适当调整图层顺序，效果如图 7-57 所示。

图 7-56

图 7-57

（8）在工具箱中选择"自定义形状工具" 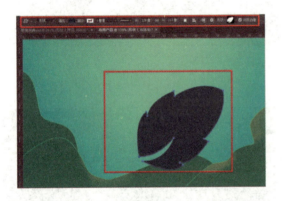，设置"填充颜色"为墨绿色（RGB：21，72，78），无描边，"形状"为叶子1，绘制芭蕉叶形状，效果如图7-58所示。

（9）选中"形状1"图层，使用鼠标右键单击，在弹出的快捷菜单中选择"栅格化图层"命令，然后按下Ctrl+T组合键打开自由变换命令，对图像进行旋转，效果如图7-59所示。

（10）为"形状1"图层添加"描边"图层样式，设置"大小"为1像素，"位置"为外部，"填充颜色"为淡绿色（RGB：129，199，92），得到如图7-60所示的效果。

（11）在"图层"面板中，选中"形状1"图层，使用"套索工具" （按下快捷键L），选中叶子的部分并按下Delete键删除选区的内容，按下Ctrl+D组合键取消选区，重复几次此操作，得到如图7-61所示的效果。

图 7-58

图 7-59

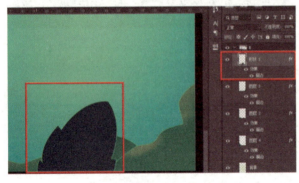

图 7-60

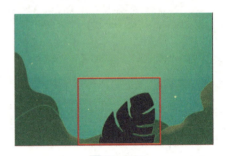

图 7-61

（12）选中"形状1"图层，使用"画笔工具" （按下快捷键B），修改"画笔"为柔边圆，"大小"为5像素，"前景色"为淡绿色（RGB：60，100，59），绘制芭蕉叶的脉络，效果如图7-62所示。

（13）按住Ctrl键的同时单击"形状1"的图层缩略图，将"形状1"载入选区。选择"画笔工具" （按下快捷键B），修改"画笔"为柔边圆，"大小"为100像素，"不透明度"为15%，"前景色"为淡绿色（RGB：146，201，107），用"画笔工具"在芭蕉叶的边缘进行涂抹，效果如图7-63所示，按下Ctrl+D组合键取消选区。

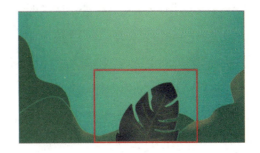

图 7-62　　　　　　　　　　　　　图 7-63

（14）按照步骤（8）至步骤（13）的方法，分别绘制两个芭蕉叶，其中左边的芭蕉叶的"颜色"为淡绿色（RGB：43，109，32），得到的效果如图 7-64 所示。

（15）在工具箱中继续使用"自定义形状工具" ，设置"填充颜色"为墨绿色（RGB：21，72，78），无描边，"形状"为草 3，绘制水草形状，并将该形状进行"栅格化"操作。然后将右边多余的水草删掉，只留左边一根水草，效果如图 7-65 所示。

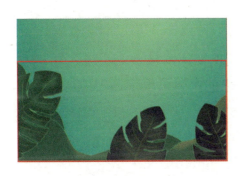

图 7-64　　　　　　　　　　　　　图 7-65

（16）为"形状 4"图层添加"描边"图层样式，设置"大小"为 1 像素，"位置"为外部，"填充颜色"为淡绿色（RGB：129，199，92），得到如图 7-66 所示的效果。

（17）按住 Ctrl 键的同时单击"形状 4"的图层缩览图，将"形状 4"载入选区，然后选择"画笔工具" （按下快捷键 B），修改"画笔"为柔边圆，"大小"为 100 像素，"不透明度"为 15%，"前景色"为淡绿色（RGB：146，201，107），用"画笔工具"在水草的边缘进行涂抹，效果如图 7-67 所示，按下 Ctrl+D 组合键取消选区。

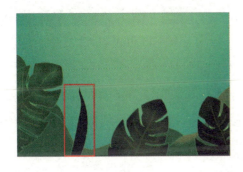

图 7-66　　　　　　　　　　　　　图 7-67

（18）在"图层"面板中，选中"形状 4"图层，按下 Ctrl＋J 组合键，复制水草，用同样的方法多复制几次水草。然后按下 Ctrl＋T 组合键打开自由变换命令，分别调整水草的大小和方向，接着将其放置到合适的位置并调整图层顺序，效果如图 7-68 所示。

（19）在工具箱中继续使用"自定义形状工具"，设置"填充颜色"为墨绿色（RGB：21，72，78），"描边颜色"为淡绿色（RGB：129，199，92），"描边大小"为 1 像素，"形状"为草 2，绘制水草形状，然后调整其大小及位置，效果如图 7-69 所示。

图 7-68   图 7-69

（20）在"图层"面板中，按住 Shift 键，使用鼠标左键将除了"背景""图层 1"之外的所有图层同时选中，然后单击鼠标右键，在弹出的快捷菜单中选中"从图层建立组"命令，将图层组命名为"叶子"，效果如图 7-70 所示。

（21）选择"文件"——"置入嵌入对象"命令，置入"荷叶.png"素材，然后调整其大小和位置，效果如图 7-71 所示。

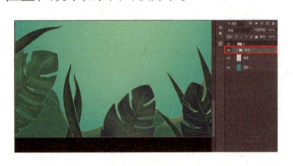 

图 7-70   图 7-71

（22）新建一个图层，在工具箱中选择"套索工具"（按下快捷键 L），在荷叶旁边绘制出水波纹的轮廓。将"前景色"修改为白色，按下 Alt＋Delete 组合键填充选区，按下 Ctrl＋D 组合键取消选区，效果如图 7-72 所示。

（23）选中"图层 5"，单击"图层"面板下方的"添加图层蒙版"按钮，给"图层 5"添加图层蒙版，然后选择"画笔工具"（按下快捷键 B），将"前景色"修改为黑色，画笔的"不透明度"为 20%，在图层蒙版上使用"画笔工具"涂抹，使水波纹两头更淡一些，效果如图 7-73 所示。

图 7-72　　　　　　　　　　　　　图 7-73

（24）选中"荷叶"图层，重复按下 Ctrl+J 组合键，多复制几个荷叶，然后按下 Ctrl+T 组合键打开自由变换命令，分别调整荷叶的大小和位置，效果如图 7-74 所示。

（25）按照步骤（22）、步骤（23）的方法制作水波纹，效果如图 7-75 所示。

图 7-74　　　　　　　　　　　　　图 7-75

（26）在工具箱中选择"横排文字工具" T （按下快捷键 T），设置"字体"为微软雅黑，"大小"为 36 点，"颜色"为灰色（RGB：228，228，228），输入"莲藕……缘分。"文字，效果如图 7-76 所示。

（27）在工具箱中选择"圆角矩形工具" □ （按下快捷键 U），设置"填充颜色"为绿色（RGB：75，132，58），无描边，"圆角半径"为 50 像素，绘制一个圆角矩形，如图 7-77 所示。

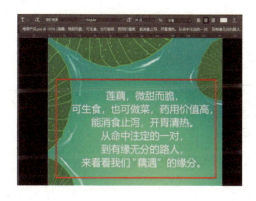

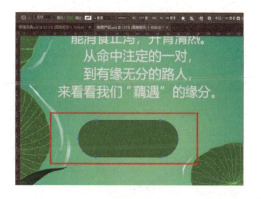

图 7-76　　　　　　　　　　　　　图 7-77

（28）选中"圆角矩形1"图层，按下Ctrl+J组合键，复制一个圆角矩形，修改它的颜色为深蓝色（RGB：15，68，75），并改变它的图层顺序，接着将复制的图形往下移动一些，效果如图7-78所示。

（29）在工具箱中选择"横排文字工具" T（按下快捷键T），设置"字体"为微软雅黑，"大小"为60点，"颜色"为灰色（RGB：228，228，228），输入"开始测试"文字，并将其放置在圆角矩形中间，效果如图7-79所示。

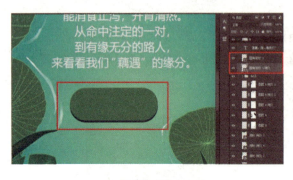

图7-78   图7-79

（30）选择"文件"——"置入嵌入对象"命令，置入"二维码.png"素材，然后调整其大小和位置，效果如图7-80所示。

（31）在工具箱中选择"矩形工具" □（按下快捷键U），设置"填充颜色"为深蓝色（RGB：15，68，75），"描边颜色"为绿色（RGB：75，132，58），"描边大小"为1像素，绘制一个矩形，效果如图7-81所示。

图7-80   图7-81

（32）在工具箱中选择"横排文字工具" T（按下快捷键T），设置"字体"为微软雅黑，"字号"为28点，"颜色"为灰色（RGB：228，228，228），输入"覃塘莲藕，买一送一"文字，并将其放置在矩形中间，效果如图7-82所示。

（33）继续使用"横排文字工具" T（按下快捷键T），修改"颜色"为深蓝色（RGB：15，68，75），输入"欢乐购丨藕遇旗舰店"文字，并将其放置至合适的位置，效果如图7-83所示。

图 7-82　　　　　　　　　　　　　图 7-83

（34）在"图层"面板中，选中"背景"图层，按住鼠标左键不放，将"背景"图层移动到最上方，效果如图 7-84 所示。

（35）至此，"电商产品"H5 页面设计的第一页完成，效果如图 7-85 所示。

图 7-84　　　　　　　　　　　　　图 7-85

（36）下面，开始制作第二页。在"图层"面板中，选中"画板 1"，按住鼠标左键不放，将它拖曳到"图层"面板下方的"创建新图层"按钮 上，复制"画板"，并修改图层组名称为"画板 2"，如图 7-86 所示。

（37）在"图层"面板中，展开"画板 2"，按住 Ctrl 键，依次单击"背景""莲藕，微……看我们""开始测试""圆角矩形 1""圆角矩形 1 拷贝"五个图层，将它们同时选中，并按下 Delete 键删除图层，效果如图 7-87 所示。

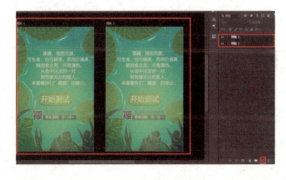
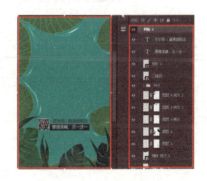

图 7-86　　　　　　　　　　　　　图 7-87

（38）在"图层"面板中，按住 Ctrl 键，依次单击"欢乐购……""覃塘莲藕……""矩形 1""二维码"四个图层，将它们同时选中，然后单击鼠标右键，在弹出的快捷菜单中选择"从图层建立组"命令，并将新图层组命名为"二维码"。将剩下的图层执行相同的操作，并将图层组命名为"背景"，效果如图 7-88 所示。

（39）在"图层"面板中，选中"背景"图层组，修改"不透明度"为 60%，并为其添加图层蒙版。选择"画笔工具" 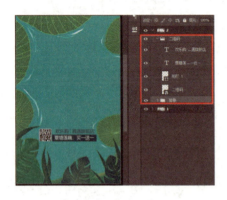（按下快捷键 B），修改画笔的"大小"为 200 像素，"不透明度"为 20%，设置"前景色"为黑色，使用"画笔工具"在图层蒙版上进行涂抹，效果如图 7-89 所示。

图 7-88

图 7-89

（40）在"图层"面板中，选中"二维码"图层组，使用"移动工具" ⊕（按下快捷键 V）将组内所有的图像向下移动，效果如图 7-90 所示。

图 7-90

（41）在工具箱中选择"横排文字工具" T（按下快捷键 T），设置"字体"为微软雅黑，"大小"为 60 点，"颜色"为深蓝色（RGB：15，68，75），输入"测一测'藕遇'的缘分"等文字，然后单击"创建文字变形"按钮 工，在弹出的"变形文字"对话框中设置"样式"为扇形，"弯曲"为+19%，具体参数如图 7-91 所示，得到如图 7-92 所示的效果。

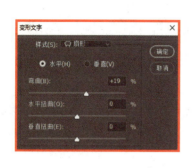

图 7-91　　　　　　　　　　　　　　图 7-92

（42）在"图层"面板中，双击"测一测'藕遇'的缘分"文字所在的图层，在弹出的"图层样式"对话框中，选择"描边"样式，具体参数设置如图 7-93 所示，得到如图 7-94 所示的效果。

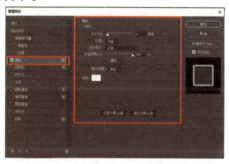

图 7-93　　　　　　　　　　　　　　图 7-94

（43）在"图层"面板中，选中"测一测'藕遇'的缘分"文字所在的图层，修改"不透明度"为 60%，如图 7-95 所示。

（44）在工具箱中选择"圆角矩形工具"▢（按下快捷键 U），设置"填充颜色"为深蓝色（RGB：15，68，75），"描边颜色"为绿色（RGB：75，132，58），"描边大小"为 2 像素，"半径"为 50 像素。然后绘制一个圆角矩形，效果如图 7-96 所示。

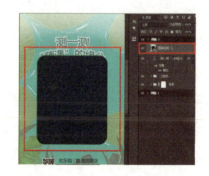

图 7-95　　　　　　　　　　　　　　图 7-96

（45）选中"圆角矩形 2"图层，按下 Ctrl＋J 组合键，复制圆角矩形。然后按下 Ctrl＋T 组合键，调整它的大小，并将它的"颜色"修改为淡绿色（RGB：224，251，250），效果如

图 7-97 所示。

（46）在工具箱中选择"横排文字工具" T （按下快捷键 T），设置"字体"为微软雅黑，"字号"为 30 点，"颜色"为深蓝色（RGB：15，68，75），输入相应的文字，并放置在圆角矩形中间，效果如图 7-98 所示。

（47）在"工具箱"中选择"圆角矩形工具" ▢ （按下快捷键 U），设置"填充颜色"为无，"描边"为绿色（RGB：75，132，58），"描边大小"为 2 像素，"半径"为 5 像素，分别绘制四个圆角矩形，然后调整其位置，效果如图 7-99 所示。

（48）选择"文件"——"置入嵌入对象"命令，置入"莲藕 1 .png"素材，然后复制该素材，分别调整两个素材的大小和位置，效果如图 7-100 所示。

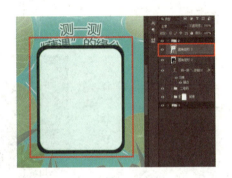

图 7-97

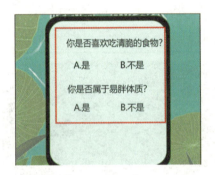

图 7-98

图 7-99

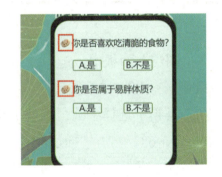

图 7-100

（49）在工具箱中选择"圆角矩形工具" ▢ （按下快捷键 U），设置"填充颜色"为深蓝色（RGB：15，68，75），"描边"为绿色（RGB：75，132，58），"描边大小"为 2 像素，"半径"为 10 像素，绘制一个圆角矩形，效果如图 7-101 所示。

（50）在工具箱中选择"横排文字工具" T （按下快捷键 T），设置"字体"为微软雅黑，"字号"为 36 点，"颜色"为灰色（RGB：228，228，228），输入"提交测试"文字，并将其放置在圆角矩形中间，效果如图 7-102 所示。

（51）至此，"电商产品"H5 页面设计的第二页完成，效果如图 7-103 所示。

（52）下面，开始制作第三页。在"图层"面板中，选中"画板 2"，按住鼠标左键不放，将它拖曳到"图层"面板下方的"创建新图层"按钮 🗔 上，复制"画板 2"，并修改复制的图层组名称为"画板 3"。分别将"画板 1""画板 2""画板 3"图层组中的图形移到合适的位置，效果如图 7-104 所示。

图 7-101

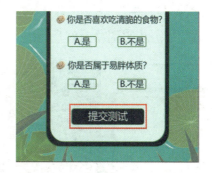

图 7-102

图 7-103

图 7-104

　　（53）在"图层"面板中，展开"画板 3"，将不需要的文字内容删除，并将圆角矩形调大，效果如图 7-105 所示。

　　（54）在工具箱中选择"横排文字工具" T（按下快捷键 T），设置"字体"为微软雅黑，"字号"为 60 点，"颜色"为深蓝色（RGB：15，68，75），输入相应的文字，效果如图 7-106 所示。

图 7-105

图 7-106

（55）在工具箱中选择"矩形工具" （按下快捷键 U），设置"填充颜色"为深蓝色（RGB：15，68，75），"描边"为无，绘制一个矩形，效果如图 7-107 所示。

（56）选择"文件"——"置入嵌入对象"命令，置入"莲藕 2.png"素材，然后调整其大小和位置，效果如图 7-108 所示。

图 7-107

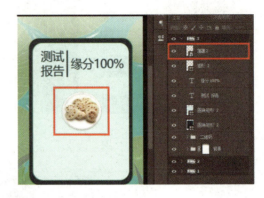

图 7-108

（57）在工具箱中选择"圆角矩形工具" （按下快捷键 U），设置"填充颜色"为深蓝色（RGB：15，68，75），"描边"为无，"半径"为 10 像素，绘制一个圆角矩形，效果如图 7-109 所示。

（58）在工具箱中选择"横排文字工具" （按下快捷键 T），设置"字体"为微软雅黑，"字号"为 18 点，"颜色"为蓝色（RGB：48，198，192），输入相应的文字，然后将个别文字修改为白色，效果如图 7-110 所示。

（59）在工具箱中选择"圆角矩形工具" （按下快捷键 U），设置"填充颜色"为深蓝色（RGB：15，68，75），"描边"为无，"半径"为 23 像素，绘制一个圆角矩形，效果如图 7-111 所示。

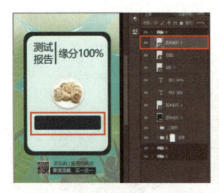

图 7-109

图 7-110

图 7-111

（60）在"图层"面板中，选中图层"圆角矩形 6"，按下 Ctrl+J 组合键，复制图层，然后选中"圆角矩形 6 拷贝"图层，将该图层的圆角矩形的填充颜色修改为绿色（RGB：75，132，58），并将该圆角矩形的位置往下移动一些，效果如图 7-112 所示。

（61）在工具箱中选择"横排文字工具" （按下快捷键 T），设置"字体"为微软雅黑,"字号"为 25 点,"颜色"为白色,输入"分享好友"文字,效果如图 7-113 所示。

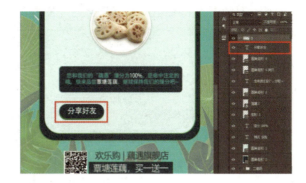

图 7-112　　　　　　　　　　　　　　　图 7-113

(62)按照步骤(59)至步骤(61)的方法,制作另一个按钮,效果如图 7-114 所示。

(63)至此,"电商产品"H5 页面设计的第三页完成,效果如图 7-115 所示。

图 7-114　　　　　　　　　　　　　　　图 7-115

(64)下面,开始制作第四页。在"图层"面板中,选中"画板 3",按住鼠标左键不放,将它拖曳到"图层"面板下方的"创建新图层"按钮 上,复制图层组,并修改复制的图层组名称为"画板 4"。分别将"画板 1""画板 2""画板 3""画板 4"图层组中的图形移到合适的位置,效果如图 7-116 所示。

(65)在"图层"面板中,展开"画板 4"图层组,将不需要的内容删除,并将"背景"图层组的"不透明度"修改为 100%,效果如图 7-117 所示。

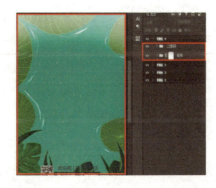

图 7-116　　　　　　　　　　　　　　　图 7-117

（66）在工具箱中选择"横排文字工具" （按下快捷键T），设置"字体"为微软雅黑，"字号"为36点，"颜色"为墨绿色（RGB：11，34，33），输入相应的文字，效果如图7-118所示。

（67）在"图层"面板中，双击"藕遇×覃塘莲藕×欢乐购"文字所在的图层，在弹出的"图层样式"对话框中，选择"描边"样式，具体参数设置如图7-119所示，得到如图7-120所示的效果。

（68）按照步骤（66）、步骤（67）的方法，制作下一个文本，"字号"修改为60点，"描边大小"修改为6像素，效果如图7-121所示。

图 7-118

图 7-119

图 7-120

图 7-121

（69）在工具箱中选择"圆角矩形工具" （按下快捷键U），设置"填充颜色"为深蓝色（RGB：15，68，75），"描边"为绿色（RGB：75，132，58），"描边大小"为1像素，"半径"为10像素，绘制一个圆角矩形，效果如图7-122所示。

（70）选择"文件"——"置入嵌入对象"命令，置入"莲藕 3.png"素材，并调整其大小和位置，在"图层"面板中，选中"莲藕 3"图层，单击鼠标右键，在弹出的快捷菜单中选择"创建剪贴蒙版"命令，效果如图7-123所示。

（71）在工具箱中选择"横排文字工具" （按下快捷键T），设置"字体"为微软雅黑，"颜色"为白色，分别输入相应文字（"字号"分别为36点和24点），效果如图7-124所示。

（72）在工具箱中选择"圆角矩形工具" （按下快捷键U），设置"填充颜色"为深蓝色（RGB：15，68，75），"描边"为绿色（RGB：75，132，58），"描边大小"为1像

素，"半径"为 20 像素，分别绘制两个圆角矩形，然后分别将其放置在文字的下方，效果如图 7-125 所示。

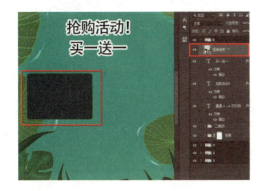

图 7-122

图 7-123

图 7-124

图 7-125

（73）按照步骤（69）至步骤（72）的方法，制作下一个莲藕特点图层，效果如图 7-126 所示。

（74）在"图层"面板中，展开"画板 1"，找到"背景"图层，按下 Ctrl+J 组合键，复制背景，然后将"背景 拷贝"图层移动到"画板 4"图层组中的"背景"图层组上方，效果如图 7-127 所示。

图 7-126

图 7-127

（75）至此，"电商产品"H5页面设计制作完成，最终效果如图7-128所示。

  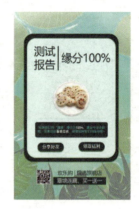 

图7-128

温馨提示：

（1）使用"套索工具"删除叶子的一部分时，首先要对叶子所在图层进行"栅格化"操作。

（2）使用"画笔工具"绘制芭蕉叶的脉络时，要选择"硬边圆"画笔。

小技巧：

（1）使用"画笔工具"涂抹"图层蒙版"时，可以将不透明度降低，然后重复涂抹几次，避免绘制出的水波纹太生硬。

（2）调整图像大小时，按住Shift＋Alt组合键，可以以中心点缩放图像。

（3）制作第二个页面时，可以直接复制第一个页面，然后将多余的部分删除。

二、工作检查

我的实际完成结果和理论结果比较，是否存在不足之处？如有，请分析原因。

_____

_____

_____

_____

【知识链接】

1．H5的类型

（1）品牌传播型H5：形式一般为品牌发布、公益传递、人事招聘、总结报告。

（2）活动推广型H5：形式一般为贺卡邀请、答题有奖、游戏互动。

（3）产品展示型H5：形式一般为性能展示、故事讲述。

品牌传播型 H5——相当于一个品牌的微官网，设计目的更倾向于品牌形象塑造，向用户传达品牌的精神态度。通过运用符合品牌气质的视觉语言，倡导一种态度、一个主旨，使用户对品牌留下深刻的印象，示例如图 7-129 所示。

活动推广型 H5——此类型 H5 需要有更强的互动性，需要用更高质量、更具话题性的设计来促成用户分享传播，从而形成"爆炸式"的传播效应，示例如图 7-130 所示。

产品展示型 H5——主要运用 H5 的互动技术优势，聚焦于产品功能介绍，向用户尽情展示产品特性，吸引用户购买，示例如图 7-131 所示。

图 7-129

图 7-130

图 7-131

2．H5 设计的五大原则

在进行 H5 设计时，我们应遵循一致性原则、简洁性原则、条理性原则、可视化原则、切身性原则。

3．H5 的设计规范

当我们进行 H5 设计时，我们要特别注意选择合适的浏览器，掌握常用设计尺寸，了解 H5 "响应式"特征，以及页面"安全区"。

H5 的制作都是在线上完成的，需要通过浏览器进行编辑操作。在制作 H5 时建议使用 Google Chrome 浏览器，因为它在所有浏览器中对 H5 的兼容性最好。

在进行 H5 页面设计前，先确定好页面的尺寸。通常，很多 H5 编辑器都采用 iPhone 5 的屏幕尺寸（1136 像素×640 像素），但在实际设计中，页面的尺寸会比 1136 像素×640 像素小一点，一般采用 1008 像素×640 像素这个尺寸。1008 像素×640 像素正好是除去导航栏的尺寸，也就是页面显示的实际大小。

在移动互联网中，没有所谓的长久标准。H5 网站具有页面"响应式"的自动适配能力，在大多数情况下页面都会自动适配满屏。但是我们在进行页面设计的时候，还需要特别注意背景图的设置，避免出现白边、黑边和错位这样的情况。否则，用户的体验是非常不好的。

在 H5 页面中，因为页面空间有限，所以需要注意内容展示的空间感，要有"安全区"的概念。一定要确保文本内容、按钮在安全区内，这样可以确保观看的美观度和舒适度。

4．H5 页面的文字设计

文字是 H5 页面设计中不可或缺的一部分，是决定设计效果的关键。文字可以用于对活动推广、品牌宣传、产品促销、报告总结等信息进行说明和指引。

H5 页面文字主要包括标题文字和正文文字。标题文字是整个画面中最重要的信息点，在页面中一般会充当视觉焦点。正文文字则用于展示主要信息，在设计正文时不要随意地堆积，正文在 H5 页面中展示的重要程度应高于画面。

当我们在进行标题文字的设计时，应注意标题的空间、标题的层级、标题与图形的关系、标题与背景的关系。

当我们在进行正文文字的设计时，应注意控制正文信息量。

【思政园地】

贵港特产

学生：老师，我想买一些贵港特产寄给我在北方的表姐，您有什么推荐的吗？

老师：贵港的特产有很多，红莲藕粉、覃塘毛尖、平南石峡龙眼、木格甘蔗、桂林罗秀米粉等，这些你都可以考虑一下。

学生：这么多呀，老师，我都不知道选什么好呢。

老师：你可以试试红莲藕粉。它可是与西湖藕粉齐名的。使用开水刚冲调的藕粉，色带紫红，晶莹剔透，入口清甜嫩滑，四季都可以食用。而且它的药用价值也很高，既可以消热解暑，又可以宁心润肺，送人是最合适不过了。

学生：哇，它的好处这么多呀，那我就寄这个吧。谢谢老师！

▶ 课堂练习——智钻图设计

【技术点拨】使用"画笔工具"绘制光晕效果，使用"椭圆工具"绘制椭圆并为椭圆应用图层样式，使用"矩形选框工具"绘制选区并填充颜色，使用"横排文字工具"输入文本。效果如图 7-132 所示。

【效果图所在位置】

扫码观看本案例视频

图 7-132

▶ 课后习题——直通车推广图设计

【技术点拨】使用"矩形工具"绘制渐变矩形，使用"钢笔工具""椭圆工具"绘制形状，创建剪贴蒙版效果，应用图层样式。使用"圆角矩形工具""多边形工具""直接选择工具"绘制、调整形状，使用"横排文字工具"输入文本，使用"画笔工具"绘制阴影效果。效果如图 7-133 所示。

【效果图所在位置】

扫码观看本案例视频

图 7-133

项目八

VI 设计

CI 系统，即企业形象识别系统，是指企业有意识、有计划地将自己企业的文化、理念及各种特征进行统一设计，向企业内部与社会公众主动展示与传播，使受众对企业有一个标准化、差别化的印象和认识，最终促进企业的经营与服务。CI 系统由企业的理念识别（Mind Identity, MI）、行为识别（Behavior Identity, BI）和视觉识别（Visual Identity, VI）三方面组成，这三方面是相互联系、相互依存、相辅相成的。

视觉识别（Visual Identity, VI）是 CI 系统的一部分，是 CI 系统中最有感染力、传播力的部分。VI 设计以企业经营理念作为指导，通过平面设计等手法将企业的文化精神、产品特色、服务内容、企业规范等进行视觉化、形象化的设计，向消费者传达企业信息。VI 设计包括 VI 基本要素设计（如企业标志、标准字、标准色等）和 VI 应用系统设计（如名片、工作证、手提袋、雨伞等）。

在本项目中，我们将利用 Photoshop CC 2019 软件的各种功能，根据 VI 设计的基本原则和设计要素进行创意设计与构思，完成"光年传媒"企业 VI 基本要素与应用系统的设计与制作、"贵港市职业教育中心"学校 VI 基本要素与应用系统的设计与制作。从而掌握利用 Photoshop CC 2019 软件进行 VI 设计的方法与技巧。

学习目标

（1）认识 VI 设计要素的内容。
（2）掌握 VI 设计的功能与基本原则。
（3）掌握企业 VI、学校 VI 基本要素设计要点及表现形式。
（4）掌握企业 VI、学校 VI 应用系统设计要点及表现形式。

项目分解

任务一　"光年传媒"企业 VI 设计
任务二　"贵港市职业教育中心"学校 VI 设计

任务效果图展示（见图 8-1、图 8-2）

图 8-1

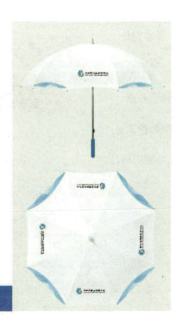

图 8-2

▶ 任务一 "光年传媒"企业 VI 设计

【工作情景描述】

　　光年传媒公司是一家集品牌活动营销与策划、形象宣传与拍摄、音乐制作、企业培训等于一体的多元化专业传媒公司。秉承对高质量发展的要求，保持"活力、青春、奇迹"的信念，以创新的思维、独特的视角、精湛的专业和优质的服务赢得了广大客户的肯定与支持。VI 系统设计可以帮助光年传媒公司更好地树立企业形象、体现企业精神、增强企业凝聚力、提高市场竞争力、延伸品牌形象。

　　请你根据光年传媒公司的背景，结合品牌的特色进行"光年传媒"企业的 VI 设计。

【建议学时：8 学时】

【学习结构】

【工作过程与学习活动】

学习活动2　工作实施

学习活动1　工作准备　　　　　　　　　　　学习活动3　总结与评价

学习活动 ② 工作实施

💡 学习目标

能根据既定的工作计划，通过小组合作方式，落实实施步骤。

建议学时：6 学时

⏰ 学习过程

一、工作实施步骤

扫码观看本案例视频　　　扫码查看拓展案例

（1）启动 Photoshop CC 2019 软件，选择"文件"——"新建"命令（按下 Ctrl+N 组合键），弹出"新建文档"窗口，新建一个"宽度"为 30 厘米，"高度"为 20 厘米，"分辨率"为 300 像素/英寸，"名称"为"光年传媒企业 VI 标志"的图像文件，单击"创建"按钮。

（2）在工具箱中选择"圆角矩形工具" ▢（按下快捷键 U），在属性栏中设置"选择工具模式"为形状，"填充颜色"为（RGB：64，69，255）。在画布上单击鼠标左键，在弹出的"创建圆角矩形"对话框中，分别设置"宽度"和"高度"为 700 像素，"半径"均为 30 像素，勾选"从中心"，如图 8-3 所示。确定后，按下 Ctrl+T 组合键打开自由变换命令，将圆角矩形旋转到适当角度，并将其拖曳至画布适当位置，效果如图 8-4 所示。

（3）使用同样的绘制方法在画布上绘制第二个圆角矩形。设置"填充颜色"为（RGB：94，113，255），并按下 Ctrl+T 组合键打开自由变换命令，将圆角矩形旋转到适当角度，然后将其叠放至第一个圆角矩形上，效果如图 8-5 所示。

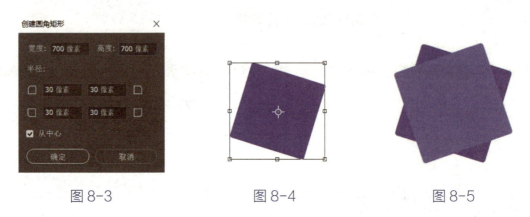

图 8-3　　　　　　图 8-4　　　　　　图 8-5

（4）使用同样的绘制方法在画布上绘制第三个圆角矩形。设置"填充颜色"为（RGB：18，230，255），并按下 Ctrl+T 组合键打开自由变换命令，将圆角矩形旋转到适当角度，然后将其叠放至第二个圆角矩形上，效果如图 8-6 所示。

（5）在工具箱中选择"矩形工具" ▢ （按下快捷键 U），在属性栏中设置"选择工具模式"为形状，"填充颜色"为白色。在画布上单击鼠标左键，在弹出的"创建矩形"对话框中，设置"宽度"为 650 像素，"高度"为 15 像素，勾选"从中心"，如图 8-7 所示。确定后，按下 Ctrl+T 组合键打开自由变换命令，将矩形旋转到适当角度，并将其拖曳至画布适当位置，效果如图 8-8 所示。

图 8-6　　　　　　图 8-7　　　　　　图 8-8

（6）选择"滤镜"——"模糊"——"方框模糊"命令，在弹出的"方框模糊"对话框中设置"半径"为 9 像素，矩形的"方框模糊"滤镜制作完成，效果如图 8-9 所示。

（7）使用同样的绘制方法在画布上绘制其余的矩形，效果如图 8-10 所示。

（8）在工具箱中使用"椭圆工具" ⬭ （按下快捷键 U），在属性栏中设置"选择工具模式"为形状，"填充颜色"为（RGB：255，227，59），按住 Shift 键，绘制一个正圆图形。选择"滤镜"——"模糊"——"高斯模糊"命令，在弹出的"高斯模糊"对话框中设置"半径"为 10 像素。确定后，正圆图形的"高斯模糊"滤镜效果制作完成，效果如图 8-11 所示。

图 8-9　　　　　　　图 8-10　　　　　　　图 8-11

（9）在工具箱中使用"横排文字工具" T（按下快捷键 T），输入中文"光年传媒"。选中"光年传媒"中文后，在"字符"面板中调整文字的属性，"字休"为方正姚体，"大小"为 56 点，"字距"为 260 点，"字体效果"为浑厚，"颜色"为（RGB：64，69，255），按下"回车键"确定。在工具箱中选择"移动工具" ✛（按下快捷键 V）调整文字位置，效果如图 8-12 所示。

（10）将"光年传媒"文字进行栅格化。在工具箱中使用"橡皮擦工具" ✐（按下快捷键 E），设置"大小"为 15 像素，"硬度"为 100%，擦除文字的部分笔画，效果如图 8-13 所示。

（11）在工具箱中使用"椭圆工具" ◯（按下快捷键 U），在属性栏中设置"选择工具模式"为形状，"填充颜色"为（RGB：255、227、59），创建几个大小合适的正圆图形。然后将正圆图形放置在文字上，效果如图 8-14 所示。

光年传媒

光年传媒　光年传媒

图 8-12　　　　　　　　　　图 8-13　　　　　　　图 8-14

（12）在工具箱中使用"横排文字工具" T（按下快捷键 T），输入英文"Light Year Media"。选中"Light Year Media"后，在"字符"面板中调整文字的属性，"字体"为华文细黑，"大小"为 33 点，"字体效果"为浑厚，"颜色"为（RGB：64，69，255），按下"回车键"确定。在工具箱中选择"移动工具" ✛（按下快捷键 V），调整文字位置，效果如图 8-15 所示。

（13）在工具箱中使用"横排文字工具" **T**（按下快捷键 T），选中字母"L"，修改其"字体"为华文琥珀，效果如图 8-16 所示。

（14）使用同样的方法修改字母"Y"与"M"的字体，效果如图 8-17 所示。

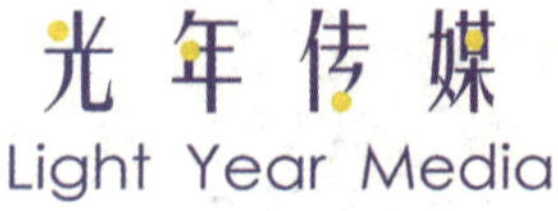

光年传媒
Light Year Media

图 8-15 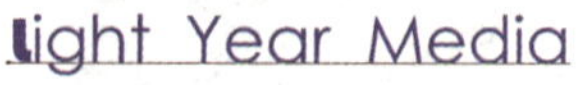   图 8-16 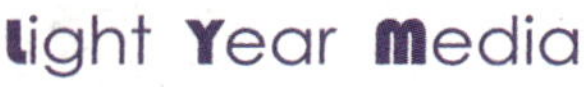   图 8-17

（15）至此，"光年传媒"企业 VI 设计已完成，效果如图 8-18 所示。

（16）在后续的企业 VI 应用系统设计中，需要用到竖向的标志，制作前需新建一个画布。启动 Photoshop CC 2019 软件，选择"文件"——"新建"命令（按下 Ctrl+N 组合键），弹出"新建文档"窗口，新建一个"宽度"为 25 厘米，"高度"为 30 厘米，"分辨率"为 300 像素/英寸，"名称"为"光年传媒企业 VI 标志竖版"的图像文件，单击"创建"按钮。

（17）返回到"光年传媒企业 VI 标志"图像文件，按住 Ctrl 键并使用鼠标选取所有图层，将图层直接拖曳到新建的"光年传媒企业 VI 标志竖版"图像文件中。然后在工具箱中选择"移动工具" ✛（按下快捷键 V）调整图形与文字组合的位置，完成"光年传媒企业 VI 标志竖版"图像文件的制作，效果如图 8-19 所示。

图 8-18

图 8-19

温馨提示：

Photoshop CC 2019 软件中滤镜的"模糊"原理是以像素点为单位的，通过稀释并扩展该点的色彩范围达到模糊效果，模糊的阈值越高，稀释度越高，色彩扩展范围越大，也越接近透明。

小技巧：

在运用滤镜的"模糊"命令时，设置好所需的参数后，可勾选"模糊"对话框中的"预览"复选框 ☑ 预览(P)，进而检查所设置的参数是否能够得到预期的效果。在运用 Photoshop

CC 2019 软件其他的滤镜效果时，也可以使用"预览"这一功能。

二、工作检查

我的实际完成结果和理论结果比较，是否存在不足之处？如有，请分析原因。

_____

_____

_____

_____

_____

_____

【知识链接】

1．VI 设计的基础知识

1）VI 设计的概念

VI（Visual Identity，VI），即视觉识别，是 CI 系统的一部分，是 CI 系统中最有感染力、传播力的部分。VI 设计以企业经营理念作为指导，以标志、标准字、标准色为核心，通过平面设计等手法将企业的文化精神、产品特色、服务内容、企业规范等进行视觉化、形象化的设计，通过完整的、系统的视觉表达体系向消费者传达企业信息，彰显产品与服务的个性，建立企业的知名度。

2）VI 设计的内容

VI 设计的内容一般包括基本要素设计和应用系统设计。其中，基本要素设计包括：企业的名称、标志、标识、标准字体、标准色、辅助图形、标准印刷字体、宣传口号、禁用规则等；应用系统设计包括：办公用品、公关用品、办公服装、环境设计、标牌旗帜、服装服饰等。

3）VI 设计的功能

对于现代企业来说，没有 VI 设计，就意味着企业形象将淹没于浩瀚商海中。让人辨别不清的企业，也就意味着企业的产品与服务毫无个性可言，所以 VI 设计对于一个追求发展的企业来说是必不可少的，通过 VI 设计，可以树立企业形象、体现企业精神、增强企业凝聚力、提高市场竞争力、延伸品牌形象。

4）VI 设计的基本原则

VI 设计的内容必须反映企业的经营理念、经营方针、价值观念和文化特征，与企业的行为相辅相成。因此在进行 VI 设计时，应遵循风格统一、易于识别、系统规范、运用有效、符合时代特征、体现文化追求等原则。在此原则下将设计的标志、标准色、标准字及其企

业形象造型广泛应用在企业的经营活动和社会活动中，进行统一的传播。

2. 企业 VI 基本要素设计要点及表现形式

企业 VI 基本要素设计主要由标志设计、标准字设计、标准色设计、辅助色设计、辅助图形设计这五个部分组成。为了适用于各种使用场所，往往会将这五个部分的基本要素进行组合。

1）标志设计

标志设计在 VI 基本要素设计任务中处于核心地位，同时也是难度最大、历时最长的设计任务。VI 设计的其他应用部分都是围绕标志设计开展的。在开展标志设计前，首先要对项目特点及设计内容进行充分调研和设计构思。

（1）设计要点：无论是进行哪种风格的标志设计，都要以体现出行业特征为宗旨。不同的行业有不同的设计特征，如较大规模的上市企业，标志设计倾向稳重、严肃的风格，在造型选择上以简洁稳定为主，多使用规矩的面、线，或者用简单的字体设计，给人以稳固长久、忠实可靠的心理暗示。而规模较小的新兴企业，在设计时则需要展现其个性的特征，造型多以活泼、新颖为主，视觉冲击力强，给人新奇、有趣的视觉感受。

（2）表现形式：企业标志并非是一成不变的，当企业走向多元化时，就需要用多样化的标志来统一企业形象。在 VI 基本要素设计中标志的表现形式可以采用同一标志不同色彩、同一标志不同图案结构等方式，来强化同一企业中各分公司或不同部门之间系统化的关系，使视觉结构走向多样化。

2）标准字设计

标准字设计，是指将企业的规模、性质、企业经营理念、企业精神，透过文字的可读性、说明性等，形成企业独特的代表性标准字体，以达到企业识别的目的。

（1）设计要点：标准字可直接将企业或品牌的名称传达出来，起到强化企业形象和品牌的作用，达到补充说明标志设计内涵的效果。由于标准字本身具有说明作用，又兼具标志的识别性，因此，常常会将标准字设计与标志设计放在一起构思，从而完成两者合二为一的设计形式。

标准字多是根据企业名称或商品品牌而精心设计的字体，对于字与字的间距、笔画的粗细、长宽的比例都要经过反复推敲和精心制作。

（2）表现形式：根据作用的不同，可将标准字的表现形式分为以下五种：企业标准字、品牌标准字、活动标准字、特有名称标准字、字体标志。在进行标准字设计时，要充分发挥想象，进行创意构思，如对字形结构进行变形、对字体结构进行变形、对字体形式进行变换、使用计算机对字体进行形象化处理等。

3）标准色设计

标准色是企业为塑造独特形象而确定的某一特定的色彩或几组色彩系统，从而表达企业的经营理念、产品特性和精神文化等。

（1）设计要点：不同的色彩会带来不同的心理反应。在进行标准色设计时，必须根据行业的特征和目标消费群体的审美心态，选择契合企业的色彩，从而发挥色彩的传递功能。另外，在设计上应尽量避免选用特殊色彩，以免使用上出现局限性或增加制作成本。

（2）表现形式：标准色可分为三种表现形式，即单色标准色、复数标准色、标准色+辅助色。

4）辅助色设计

辅助色是在作品中起到辅助或补充作用的色彩。不同的辅助色可以表达出作品的不同情感。辅助色可以使 VI 设计获得更加和谐的效果。

（1）设计要点：设计者应以服务主色为主要目的来进行辅助色的选取与设计。

（2）表现形式：在 VI 设计中，辅助色的使用要遵循与标准色相配合的原则。根据标准色的明度、纯度、色相来选择辅助色。若注重整体和谐统一，辅助色则可选择与标准色同色但明度、纯度不同的颜色，同时要注意层次；若注重塑造生动、强烈、有视觉冲击力的形象，则可选用标准色的相邻色或对比色，增强受众对企业形象的记忆。

5）辅助图形设计

辅助图形也被称为辅助图案或装饰花边，是 VI 设计中的重要组成部分。对标志起到丰富视觉效果、拓展应用要素的作用，能够强化视觉冲击力，统一企业标志的整体形象。

（1）设计要点：在设计辅助图形时，可根据企业的形象内涵或者跟企业相关的元素提炼出辅助图形。辅助图形的设计表现是弹性的，如可采用圆点、直线、方形等单纯造型作为基本单位，根据设计主题进行多种排列组合变化。

（2）表现形式：辅助图形具有广阔的表现空间，但需要与企业标志风格相统一。在表现形式上可从四个方面出发：提取标志精华部分做变化、直接使用标志造型做变化、使用与企业形象内涵相关的元素进行设计、根据企业的理念和文化进行设计。

3．企业 VI 应用系统设计要点及表现形式

企业 VI 应用系统设计指将已制定完成的 VI 基本要素进行规范的统一设计，然后将整体应用系统传达给企业内部人员与公众。

企业品牌定位不同、目标人群不同，因此，在做企业 VI 应用系统设计时的要点也有所不同，设计要点主要有以下五点。

（1）设计适用于各个应用场景，可供不同制作方式需要的标志设计。

（2）企业 VI 应用系统中的元素风格保持统一。

（3）标准色、辅助图形清晰贯穿于整个企业 VI 应用系统设计中。

（4）具有品牌核心内容体现的识别特征（独特性、专有性、识别性）。

（5）根据企业规模及客户需求确定具体设计内容。

企业 VI 应用系统设计可表现、应用在许多方面，常见的有办公事务用品设计与制作、产品包装设计与制作、广告设计与制作、环境标识设计与制作、旗帜设计与制作、公关礼品设计与制作、职员服装设计与制作等。

办公事务用品的设计包括名片设计、信封设计、工作证设计、档案袋设计、文件函设计、徽章设计、签字笔设计、杯子设计等。

产品包装的设计内容主要包括包装箱、包装盒、包装袋等。

广告设计不仅是海报设计，还包括宣传企业的其他宣传媒介，如台历、宣传册、宣传横幅等。

环境标识设计包括店面环境设计和公共场所环境导向标识设计，前者是指个人店面的外观设计，后者是指公共场所用来为人们标注位置区域、指明方向的图形符号。

旗帜设计包括企业旗、吉祥物旗、挂旗、屋顶吊旗、竖旗、桌旗等。

公关礼品设计内容一般包括广告伞、手机壳、钥匙扣、贺卡等。

职员服装设计内容一般包括行政人员制服、公务职员制服、服务职员制服、店面职员制服、警卫职员制服、生产职员制服、广告宣传服、活动宣传服等。

【思政园地】

谈谈中国人的"荷情节"

学生：老师，为什么荷花叫作"荷花"呢？

老师：早上到中午是荷花一天中开花的最佳时间。到了晚上，荷花就慢慢合上，这就是所谓的"晨开暮合"，荷花的"荷"便取了"合"的谐音。

学生：那么最早的荷花出现在哪里？

老师：中国是荷花的原产地，在浙江余姚"河姆渡文化"遗址中，就发现了荷花的化石，距今已有 7000 多年的历史了。

学生：我们中国人从古时候就喜欢赏荷花吗？

老师：其实，中国人最早种植荷花不是为了观赏，而是为了填饱肚子——是为了吃莲子和藕。在《逸周书》里就有记载："薮泽已竭，即莲掘藕。"到老师提问啦，之前你们学过周敦颐的《爱莲说》，你知道为什么荷花会"出淤泥而不染"吗？

学生：我知道！是因为荷花花叶表皮有蜡质、角质可防水，而萼片和花瓣层层相抱，不掺泥水，所以才会"出淤泥而不染"。

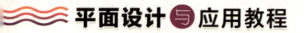

▶ 任务二 "贵港市职业教育中心"学校 VI 设计

【工作情景描述】

　　贵港市职业教育中心是贵港市人民政府主办、贵港市教育局主管的公办中等职业学校，是贵港市唯一一所国家级示范性中等职业学校，也是广西首批四星级学校。学校教学资源丰富，拥有与现代企业技术同步的校内实践教学基地。

　　校训：厚德、师技、爱岗、创业。

　　校风：团结、务实、创新、包容。

　　学风：求知、求技、互助、共赢。

　　办学理念：以人为本、突出特色、注重技能、培养人才、服务社会。

　　办学目标：让每一个学生成人成才成功。

　　VI 设计可以帮助贵港市职业教育中心更好地树立学校良好形象；传达学校校训、校风、学风；体现学校的办学理念和办学目标。

　　请你根据贵港市职业教育中心的背景，结合学校的特色进行"贵港市职业教育中心"学校 VI 设计。

【建议学时：10 学时】

【学习结构】

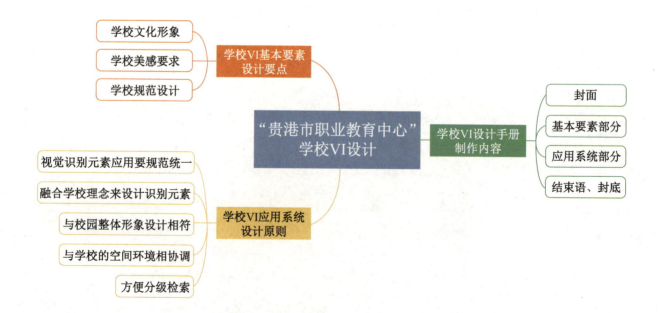

【工作过程与学习活动】

学习活动2　工作实施

学习活动1　工作准备

学习活动3　总结与评价

学习活动 ② 工作实施

💡 学习目标

能根据既定的工作计划，通过小组合作方式，落实实施步骤。

建议学时：8 学时

⏰ 学习过程

一、工作实施步骤

扫码观看本案例视频　　扫码查看拓展案例

（1）启动 Photoshop CC 2019 软件，选择"文件"——"新建"命令（按下 Ctrl+N 组合键），弹出"新建文档"窗口，新建一个"宽度"为 30 厘米，"高度"为 20 厘米，"分辨率"为 300 像素/英寸，"名称"为"贵港市职业教育中心学校 VI 标志"的图像文件，单击"创建"按钮。

（2）首先，需要绘制一个辅助定位的椭圆。在工具箱中选择"椭圆工具" ⬭ （按下快捷键 U），在属性栏中设置"选择工具模式"为形状，无填充颜色，"描边颜色"为（RGB：0，0，0），"描边大小"为 1 点。在画布中单击鼠标左键，在弹出的"创建椭圆"对话框中，设置"宽度"和"高度"均为 945 像素，勾选"从中心"，如图 8-21 所示。在工具箱中选择"移动工具" ✛（按下快捷键 V），然后调整椭圆位置，效果如图 8-22 所示。

（3）在工具箱中选择"钢笔工具" ✒（按下快捷键 P），在属性栏中设置"选择工具模式"为形状，"填充颜色"为（RGB：0，162，233），在椭圆内绘制图形，效果如图 8-23 所示。

（4）使用同样的绘制方法在画布上绘制其余图形，效果如图 8-24 所示。

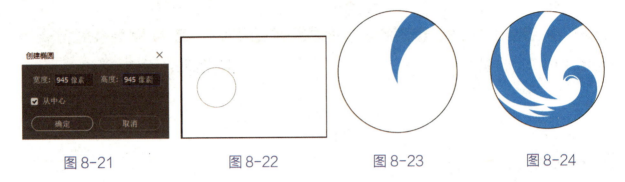

图 8-21   图 8-22   图 8-23   图 8-24

（5）在工具箱中选择"椭圆工具" ⬭（按下快捷键 U），在属性栏中设置"选择工具模式"为形状，"填充颜色"为（RGB：230，33，41）。在画布中单击鼠标左键，在弹出的"创建椭圆"对话框中，设置"宽度"和"高度"均为 104 像素，勾选"从中心"。在工具箱中选择"移动工具" ✛（按下快捷键 V），调整椭圆位置，效果如图 8-25 所示。

（6）将辅助定位的椭圆图层进行隐藏，如图 8-26 所示。

（7）在工具箱中使用"横排文字工具" Ｔ（按下快捷键 T），输入中文"贵港市职业教育中心"。选中"贵港市职业教育中心"中文后，在"字符"面板中调整文字的属性，"字体"为隶书，"大小"为 45.5 点，"字体效果"为浑厚，"颜色"为（RGB：0，0，0），按下"回车键"确定。在工具箱中选择"移动工具" ✛（按下快捷键 V），调整字体位置，效果如图 8-27 所示。

（8）在工具箱中使用"横排文字工具" Ｔ（按下快捷键 T），输入"GUI GANG VOCATIONAL EDUCATION CENTER"。选中"GUI GANG VOCATIONAL EDUCATION CENTER"后，在"字符"面板中调整文字的属性，"字距"为 50 点，"字体"为 Franklin Gothic Medium，"字体样式"为 Regular，"大小"为 19.3 点，"字体效果"为浑厚，"颜色"为（RGB：0，0，0），按下"回车键"确定。在工具箱中选择"移动工具" ✛（按下快捷键 V），调整字体位置，效果如图 8-28 所示。

（9）选中所有图层，在工具箱中选择"移动工具" ✛（按下快捷键 V），调整图层中图像的位置，使其居中于画布。至此，"贵港市职业教育中心学校 VI 标志"设计已完成，效果如图 8-29 所示。

图 8-25　　　　　　　图 8-26　　　　　　　图 8-27　　　　　　　图 8-28

（10）在后续的学校 VI 应用系统设计中，需要用到竖向的标志，制作前需重新新建一个画布。启动 Photoshop CC 2019 软件，选择"文件"——"新建"命令（按下 Ctrl+N 组合键），弹出"新建文档"窗口，新建一个"宽度"为 25 厘米，"高度"为 30 厘米，"分辨率"为 300 像素/英寸，"名称"为"贵港市职业教育中心学校 VI 标志竖版"的图像文件，单击"创建"按钮。

（11）返回到"贵港市职业教育中心学校 VI 标志"图像文件，按住 Ctrl 键并使用鼠标选取所有图层，将图层直接拖曳到新建的"贵港市职业教育中心学校 VI 标志竖版"图像文件中。然后在工具箱中选择"移动工具" ✛（按下快捷键 V），调整图形与文字组合的位置，效果如图 8-30 所示，完成"贵港市职业教育中心学校 VI 标志竖版"图像文件制作。

图 8-29　　　　　　　　　　　　　　　　图 8-30

温馨提示：

"贵港市职业教育中心"中文标准字使用的是"隶书"字体。隶书始创于秦朝，去繁就简，字形变圆为方，笔画改曲为直，字形优美，扁而较宽。讲究"蚕头雁尾""一波三折"，具有很高的书法艺术表现力。

小技巧：

当使用"钢笔工具"（快捷键为 P）绘制曲线向直线转折时，在转折锚点处可以先按住 Alt 键将"钢笔工具"切换到"转换点工具"，然后单击转折位置的锚点，再继续绘制直线路径。如果要在绘制过程中调整锚点的位置，则可以按住 Ctrl 键切换到"直接选择工具"，点击锚点并按住鼠标左键进行拖曳即可改变锚点的位置。

使用将路径转换为选区的组合键（Ctrl+Enter）即可将路径转换为选区，然后可进行抠图、填充等操作。

二、工作检查

我的实际完成结果和理论结果比较，是否存在不足之处？如有，请分析原因。

_____

_____

_____

_____

_____

【知识链接】

1. 在校园和谐文化建设中实施VI设计的作用

校园和谐文化建设将为和谐社会建设提供强大的人才、智力、文化和精神支撑，将VI设计很好地融入校园和谐文化建设，营造优雅的校园环境。VI设计融校园和谐文化建设的实用性、教育性、知识性、艺术性于一体，通过优化学校的自然环境，挖掘传统历史底蕴，培植人文景观来无声地规范学生的行为，净化学生的心灵，使之得到美的享受，受到美的陶冶，养成美的行为，形成美的品质。因此，实施 VI 设计，塑造有特色的学校形象，对于提升学校品牌价值，具有十分重要的意义，也是构建和谐校园环境的必然要求。

2. 学校VI基本要素设计要点及表现形式

1）设计要点

学校 VI 基本要素设计是校园的信息载体，充当着相当关键的角色。要想设计出一套优秀的学校 VI 基本要素并不是一件容易的事情，只有从历史、文化、专业、未来等方面对学校进行深入的了解，才可能设计出让人满意的学校 VI 基本要素。在进行学校 VI 基本要素设计时应主要遵循学校文化形象要求、学校美感要求、学校规范要求这三个设计要点。

2）表现形式

学校 VI 基本要素设计同企业 VI 基本要素设计一样，主要由标志设计、标准字设计、标准色设计、辅助色设计、辅助图形设计这五个部分组成。

（1）标志设计：学校标志设计可以体现学校的行业特性，即让人们一眼就能看出学校的性质。带有地域特性的学校标志设计一般从学校所在地区或学校建筑的特点入手，从而体现所在地区或学校建筑的文化气息。

（2）标准字设计：标准字也是学校 VI 设计中的重要部分。可选择常见的系统标准字体作为标准字。有些学校也会选择毛笔题字的书法字体来作为标准字，将书法字体用于学校校名题字，既彰显了学校的文化特质，也体现了对中华优秀传统文化的传承。

（3）标准色设计：标准色既是构成学校精神及文化的重要因素，也是学校文化最绚丽的陈述者。标准色的选择需要切合学校特性，如北京大学的"北大红"象征的是爱国进步的传统，以及振兴中华、敢为人先的担当精神；如清华大学的"清华紫"对应着清华大学的校花——紫荆花的颜色；如中山大学的"中山绿"代表生命、发展、永恒，象征着中山大学活泼、盎然的生机。

（4）辅助色设计：辅助色，起着辅助标准色、融合主色调的作用，在整体画面中起到渲染、活跃气氛的作用。要注意的是，标志的辅助图案作为底纹出现时，可以使用辅助色作为背景，也可以使用其他色调作为背景。

（5）辅助图形设计：辅助图形是为了丰富标志的。辅助图形设计的元素可以采用与学校文化相关的事物，然后将其通过视觉抽象化处理成新图形。

3. 学校 VI 应用系统设计要点及表现形式

1）设计要点

学校 VI 应用系统设计应遵循以下原则：视觉识别元素应用要规范统一、融合学校理念来设计识别元素、与校园整体形象设计相符、与学校的空间环境相协调、方便分级检索。

2）表现形式

学校 VI 应用系统设计与企业 VI 应用系统设计类似，可表现、应用在许多方面，以下将从七个方面介绍学校常用 VI 应用系统设计。

（1）办公用品设计与制作：办公用品包括公文夹、信纸、稿纸、学生证、工作证、校园卡、名片、课件模板、公文袋、信封、用笔、办公桌标示牌、专用纸杯等。

（2）环境标识设计与制作：环境标识包括方位指示牌、室外导向牌、道路标识牌、楼体标识牌、室内索引牌、景观标识牌、部门标识牌、学院机构标识牌、公共标识牌等。

（3）学校旗帜设计与制作：学校旗帜包括校旗、院旗、桌旗、道旗等。校旗是体现学校视觉形象的重要载体，使用时应按标准制作。院旗是体现各学院视觉形象的重要载体，院旗可由各学院根据自己的特色和需要而采用不同颜色。

（4）会议用品设计与制作：会议用品包括会议背板、会议条幅、会议证件等。会议背板和会议条幅是学校举行活动时使用的重要宣传用品，会议证件是学校举行活动时使用的重要的身份证明文件，这些在使用时都应按标准制作。

（5）纪念礼品设计与制作：纪念礼品包括手提袋、包装纸、徽章、马克杯、塑料杯等。手提袋应用于学校对外事务，是体现学校视觉形象的重要载体，手提袋上的组合标志应按标准印制。包装纸、徽章、马克杯和塑料杯都是学校对外交流的宣传品，是体现学校视觉形象的重要载体。

（6）交通工具设计与制作：交通工具具有流动性强、覆盖面广、使用时间长、传播效率高的优点，能产生广泛的关注效应，是体现学校视觉形象的重要载体，具有良好的信息传播和树立学校形象的功能。

（7）服装设计与制作：服饰用品包括校园文化衫、文化帽等。校园文化衫属于学校礼品，是学校对外交流的宣传品，是体现学校视觉形象的重要载体。学校服装设计可根据活动需求、穿着场景进行设计。

4．掌握学校 VI 设计手册的制作要点

创建学校 VI 设计手册是学校 VI 设计过程的一部分，可以为学校建立系统的品牌标识。学校 VI 设计手册体现了学校的愿景、核心价值观和标准。它包含许多组成部分，如标志、颜色、图形、宣传手册、校服、吉祥物、文创产品、办公用品等，详细内容见表 8-11 所示。

表 8-11　学校 VI 设计手册制作内容表

学校 VI 设计手册制作内容表			
第一部分	第二部分　基本要素部分	第三部分　应用系统部分	第四部分
封面	学校标志规范	办公事务用品设计	结束语
总目录	学校标志设计说明	标识设计	封底
导入前言	标志墨稿	指示设计	
	反白效果稿	环境设计	
	标准化制图	产品设计	
	标志方格坐标制图	海报设计	
	学校标准字体	旗帜设计	
	字体坐标制图	服装设计	
	学校标准色	会场设计	
	辅助色系列	展览设计	
	辅助图形系列		
	基本要素组合规范		
	基本要素禁止组合规定		

【思政园地】

学生：老师，为什么我在校园各处都能看到荷花的"身影"？板报上、指示牌上，还有横幅上都能看到有关荷花的设计元素。

老师：这是我们学校在打造以"荷文化"为代表的校园特色文化。在创设学校"荷文化"环境时，将色彩鲜艳、生动形象的荷花融入我们的校园环境中。

学生：将荷花融入我们的校园环境中有什么作用吗？

老师：将荷花融入校园环境可以创设一个温馨、和谐的"荷文化"校园环境，还能在潜移默化中使"荷文化"对学生的人生观、价值观产生深远影响，有利于促进学生综合素质的全面提升。

学生：我们除在校园环境中能看到"荷文化"外，在其他地方也有"荷文化"吗？

老师：当然有啦，比如在我们的教学上，开展"荷文化"教学也是体现校园荷文化的一种方式。通过"荷文化"与课程教学的有机结合，并结合学生的身心发展特点和荷文化的具体内涵，以创新的思想观念为学生创设更加科学适宜的学习环境。

学生：原来"荷文化"体现在那么多地方啊！

▶ 课堂练习——"光年传媒"企业 VI 应用系统设计

【技术点拨】使用"渐变工具""方框模糊"滤镜制作背景效果，使用"置入嵌入对象"命令置入 LOGO，使用"横排文字工具"输入文本，使用"波浪"滤镜制作波浪效果，效果如图 8-31 所示。

【效果图所在位置】

扫码观看本案例视频

图 8-31

▶ 课后习题——"贵港市职业教育中心"学校 VI 应用系统设计

【技术点拨】使用"钢笔工具"绘制路牌效果，使用"矩形工具"绘制矩形，使用"椭圆工具"绘制椭圆，使用"横排文字工具""直排文字工具"输入相应的文本，使用"自定义形状工具"绘制箭头效果，效果如图 8-32 所示。

【效果图所在位置】

路 牌　　　指 示 牌

扫码观看本案例视频

图 8-32

项目九

封面设计

书籍是人类文明的结晶，是人类文明的标志，是人类传承知识和积淀文化的桥梁。它的信息量大，便于交流，极具文化特色与人文情怀，是人类思想的产物，是我们生活中不可缺少的一部分。封面是书籍的外在形象，良好的封面设计，不仅使人眼前一亮，而且可以引导读者对书籍的内容产生兴趣。

在本项目中，我们将利用 Photoshop CC 2019 软件的各种功能，完成"《咏荷诗题集》封面设计"，从而掌握利用 Photoshop CC 2019 软件进行封面设计的方法与技巧。

学习目标

（1）了解书籍装帧的起源与发展。

（2）认识书籍装帧的构成要素。

（3）认识封面设计的含义。

（4）掌握封面设计的基本元素。

（5）认识封面设计的功能。

项目分解

任务一　《咏荷诗题集》封面设计

任务效果图展示（见图 9-1）

图 9-1

▶ 任务一 《咏荷诗题集》封面设计

【工作情景描述】

　　李老师所编写的《咏荷诗题集》做了修订，李老师希望出版社能结合此书的特点，给此书重新设计封面。

　　请根据李老师的要求，对《咏荷诗题集》的封面进行重新设计。

【建议学时：6 学时】

【学习结构】

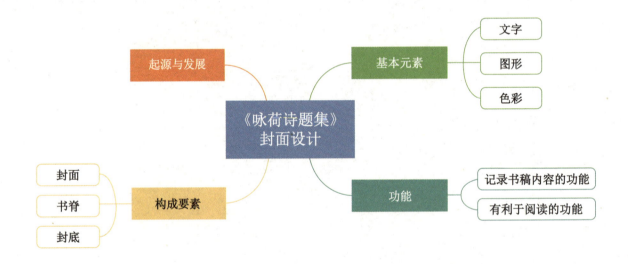

【工作过程与学习活动】

学习活动1　工作准备　　　学习活动2　工作实施　　　学习活动3　总结与评价

学习活动 ② 工作实施

💡 学习目标

能根据既定的工作计划，通过小组合作方式，落实实施步骤。

建议学时：4 学时

⏰ 学习过程

一、工作实施步骤

扫码观看本案例视频　　扫码查看拓展案例

（1）启动 Photoshop CC 2019 软件，选择"文件"——"新建"命令（按下 Ctrl+N 组合键），弹出"新建文档"窗口，新建一个"宽度"为 41 厘米，"高度"为 27 厘米，"图像模式"为 RGB 颜色，"分辨率"为 300 像素/英寸，"名称"为"书籍封面设计"的图像文件，单击"创建"按钮。

（2）在工具箱中单击"前景色"按钮，在弹出的"拾色器（前景色）"对话框中设置颜色为（RGB：173，233，216），按下 Alt+Delete 组合键，为画布填充前景色。

（3）在"图层"面板中单击"创建新图层"按钮，命名新图层为"粉色背景"。设置"背景色"为（RGB：173，233，216），按下 Ctrl+Delete 组合键，填充背景色。

（4）选中"粉色背景"图层，在工具箱中选择"橡皮擦工具"（按下快捷键 E），在属性栏中设置橡皮擦大小为 385 像素，选择"柔边圆"，擦除不需要的部分，效果如图 9-2 所示。

（5）选中"粉色背景"图层，选择"滤镜"——"模糊"——"高斯模糊"命令，在弹出的"高斯模糊"对话框中设置"半径"为 122 像素，单击"确定"按钮。

（6）按下 Ctrl+R 组合键，显示标尺，并在页面中拖曳辅助线，效果如图 9-3 所示。

（7）选择"椭圆工具"（按下快捷键 U），在属性栏中设置"选择工具模式"为形状，无填充颜色，"描边颜色"为白色，"描边大小"为 5 像素，绘制椭圆作为水波纹，效果如图 9-4 所示。

图 9-2　　　　　　　图 9-3　　　　　　　图 9-4

（8）在"图层"面板中调整椭圆所在图层的"不透明度"参数为 80%，"填充"参数为 50%，如图 9-5 所示。

（9）按下 Ctrl+J 组合键复制椭圆所在图层，按下 Ctrl+T 组合键对复制得到的椭圆的大小进行等比例缩放。重复此操作，复制多个椭圆并进行缩放，效果如图 9-6 所示，最后按住 Ctrl 键的同时选择所绘制的椭圆图层，将其放置到"水波纹"图层组当中。

（10）在工具箱中选择"钢笔工具" （按下快捷键 P），在属性栏中设置"选择工具模式"为形状，"填充颜色"为从（RGB：243，95，113）到（RGB：255，195，172）的渐变颜色，无描边，依次绘制荷花的花瓣，得到荷花的基本形状，如图 9-7 所示。

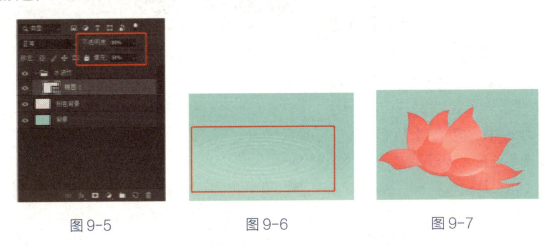

图 9-5　　　　　　　图 9-6　　　　　　　图 9-7

（11）单击"图层"面板左下方的"添加图层样式"按钮 ，在弹出的下拉列表中选择"投影"样式，在弹出的对话框中设置"距离"为 3 像素，"大小"为 5 像素，"颜色"为（RGB：245，82，103），效果如图 9-8 所示。

（12）继续使用"钢笔工具" （按下快捷键 P），并结合"椭圆工具"绘制出荷花的花蕊部分，在属性栏中设置"选择工具模式"为形状，依次设置花蕊的"填充颜色"为（RGB：72，106，0）、（RGB：255，255，0）、（RGB：143，195，31），无描边，效果如图 9-9 所示。

（13）继续使用"钢笔工具" （按下快捷键 P），在属性栏中设置"选择工具模式"为形状，"填充颜色"为从（RGB：2，122，36）到（RGB：79，211，116）的渐变色，无描边，设置指定渐变样式为"径向"，绘制出荷叶的基本形状，如图 9-10 所示。

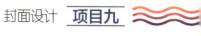

图 9-8

图 9-9

（14）选择"椭圆工具"（按下快捷键 U） ，在属性栏中设置"选择工具模式"为形状，"填充颜色"为（RGB：195，228，124），无描边，绘制荷叶叶脉中心点，效果如图 9-11 所示。

（15）在工具箱中选择"钢笔工具" （按下快捷键 P），在属性栏中设置"选择工具模式"为形状，无填充颜色，"描边颜色"为（RGB：195，228，124），"描边大小"为 8 像素，绘制出荷叶所有的叶脉，如图 9-12 所示。

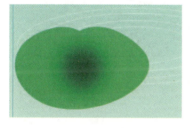

图 9-10

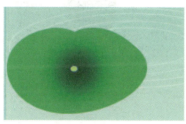

图 9-11

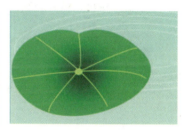

图 9-12

（16）选择"荷叶"图层，单击"图层"面板左下方的"添加图层样式"按钮 fx，在弹出的下拉列表中选择"投影"样式，在弹出的对话框中设置"距离"为 3 像素，"大小"为 7 像素，"投影颜色"为（RGB：20，141，54），如图 9-13 所示。

（17）在"图层"面板中，按住 Shift 键的同时单击选择"荷叶"与所有的叶脉图层，然后单击鼠标右键，在弹出的快捷菜单中选择"从图层建立组"命令，并命名新图层组为"荷叶"，如图 9-14 所示。

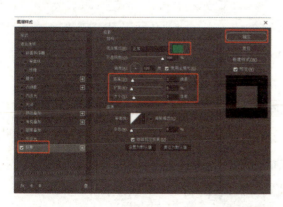

图 9-13

图 9-14

（18）按下 Ctrl+J 组合键，复制"荷叶"图层组，然后按下 Ctrl+T 组合键打开自由变换命令，对整组荷叶图像的大小进行等比例缩放，使用同样的方法复制出所有的荷叶，并调整其大小和位置，效果如图 9-15 所示。

（19）使用"钢笔工具"（按下快捷键 P）🖋，并结合使用"椭圆工具"绘制出莲蓬部分，在属性栏中设置"选择工具模式"为形状，依次设置莲蓬的"填充颜色"为（RGB：3，121，56）、（RGB：143，195，31）、（RGB：99，140，11），无描边，效果如图 9-16 所示。

（20）继续使用"钢笔工具"（按下快捷键 P）🖋，在属性栏中设置"选择工具模式"为形状，绘制出荷叶荷花的"叶茎"，"填充颜色"为（RGB：0，153，68），如图 9-17 所示。

图 9-15　　　　　　　　图 9-16　　　　　　　　图 9-17

（21）选择"文件"——"置入嵌入对象"命令，在弹出的"置入嵌入的对象"对话框中，找到"《咏荷诗题集》封面设计"素材文件夹，依次选择"金鱼素材.png""柳叶.png""二维码.png""条形码.png"素材文件，单击"置入"按钮。置入素材后，按下 Ctrl+T 组合键，依次调整素材的位置和大小，效果如图 9-18 所示。

（22）单击选中"柳叶"图层，按下 Ctrl+J 组合键对"柳叶"图层进行复制得到"柳叶 拷贝"图层，在"图层"面板中设置"柳叶 拷贝"图层的混合模式为"划分"，"不透明度"为 30%，并调整图层位置，按下 Ctrl+T 组合键，调整素材的大小和位置，如图 9-19 所示。

（23）在"图层"面板中单击"创建新组"按钮▢，命名新图层组为"咏"。选择"圆角矩形工具"▭（按下快捷键 U），在属性栏中设置"选择工具模式"为形状，无填充颜色，"描边颜色"为（RGB：143，195，31），"描边大小"为 30 像素，绘制口字偏旁，效果如图 9-20 所示，并将该形状图层命名为"口字偏旁"。

（24）单击"图层"面板左下方的"添加图层样式"按钮 fx，在弹出的下拉列表中选择"描边"选项，为"口字偏旁"添加"描边"样式，在弹出的"图层样式"对话框中，设置"大小"为 5 像素，"位置"为外部，"描边颜色"为白色，如图 9-21 所示。

（25）在"图层"面板中单击"创建新组"按钮▢，将新图层组命名为"永字"。使用"钢笔工具"🖋（按下快捷键 P），在属性栏中设置"选择工具模式"为形状，"填充颜色"

为（RGB：0，86，31），无描边，绘制"永"字的第一笔，并将该图层命名为"永1"。单击"图层"面板下方的"添加图层样式"按钮 *fx*，在弹出的下拉列表中选择"描边"选项，为"永1"添加"描边"样式，在弹出的对话框中设置"大小"为5像素，"位置"为外部，"描边颜色"为白色。使用同样的方法绘制出所有"永"偏旁笔画，如图9-22所示。

图 9-18   图 9-19   图 9-20

图 9-21

图 9-22

（26）在"图层"面板中单击"创建新图层"按钮 ，命名新图层为"口字部分"。选择"椭圆工具" （按下快捷键U），在属性栏中设置"选择工具模式"为形状，无填充颜色，"描边颜色"为（RGB：143，195，31），"描边大小"为30像素，绘制"荷"字中的"口"字部分；单击"图层"面板左下方的"添加图层样式"按钮 *fx*，在弹出的下拉列表中选择"描边"选项，为"口"字部分添加"描边"样式，在弹出的对话框中设置"大小"为5像素，"位置"为外部，"描边颜色"为白色，效果如图9-23所示。

（27）与步骤（25）、步骤（26）的方法相同，使用同样的方法绘制出"荷"字的所有笔画，如图 9-24 所示。

（28）在"图层"面板中单击"创建新图层"按钮，命名新图层为"书名背景框"。选择"圆角矩形工具"（按下快捷键 U），在属性栏中设置"选择工具模式"为形状，"填充颜色"为（RGB：140，244，169），"描边颜色"为（RGB：0，86，31），"描边大小"为 4 像素，绘制书名背景框，如图 9-25 所示。

（29）单击"图层"面板左下方的"添加图层样式"按钮，在弹出的下拉列表中选择"投影"选项，为书名背景框添加"投影"样式，在弹出的对话框中设置"距离"为 3 像素，"大小"为 7 像素，"投影颜色"为黑色，效果如图 9-26 所示。

| 图 9-23 | 图 9-24 | 图 9-25 | 图 9-26 |

（30）在"图层"面板中单击"创建新组"按钮，将新图层组命名为"咏荷字体设计"，将"咏""荷"两个图层组拖曳至"咏荷字体设计"图层组中，如图 9-27 所示。

（31）按下 Ctrl+J 组合键，复制"咏荷字体设计"图层组，按下 Ctrl+T 组合键，调整新复制的图层组中的素材的大小和位置，然后在属性栏中分别修改椭圆与圆角矩形的"描边大小"为 15 像素，效果如图 9-28 所示。

（32）在"图层"面板中单击"创建新图层"按钮，命名新图层为"绿色背景框"。选择"圆角矩形工具"（按下快捷键 U），在属性栏中设置"选择工具模式"为形状，"填充颜色"为（RGB：0，86，31），无描边，绘制绿色背景框，如图 9-29 所示。

| 图 9-27 | 图 9-28 | 图 9-29 |

（33）在"图层"面板中单击"创建新组"按钮▢，将新图层组命名为"文字部分"。选择"竖排文字工具" ⊥T（按下快捷键 T），输入文字"诗题集"，在属性栏中设置"字体"为华文行楷，"大小"为 30 点。然后输入文字"YONG　HE"和"清职教育课程教材研究开发中心　编著"，字体颜色均为（RGB：0，86，31），文字均放置在书名右侧，并选择合适的字体，效果如图 9-30 所示。

（34）选择"诗题集"图层，单击"图层"面板左下方的"添加图层样式"按钮 fx，在弹出的下拉列表中选择"描边"选项，为"诗题集"添加"描边"样式，在弹出的对话框中设置"大小"为 3 像素，"位置"为外部，"填充颜色"为白色；选择"投影"样式，设置"距离"为 3 像素，"大小"为 7 像素，"投影颜色"为黑色，如图 9-31 所示。

（35）按下 Ctrl+J 组合键，复制"文字部分"图层组，得到"文字部分 拷贝"图层组，然后对该图层组中的"YONG　HE"图层进行删除，调整 "诗题集"与"清职教育课程教材研究开发中心　编著"的字体大小和位置，如图 9-32 所示。

（36）分别使用"横排文字工具" T 与"竖排文字工具" ⊥T（按下快捷键 T），输入"清职教育出版社"，在属性栏中设置"字体"均为华文行楷，"大小"均为 21 点，"字体颜色"均为黑色；输入文字"中华最美诗词宝典"，在属性栏中设置"字体"为经典楷体简，"大小"为 25 点，"字体颜色"为白色，效果如图 9-33 所示。

图 9-30

图 9-31

图 9-32

图 9-33

（37）至此，《咏荷诗题集》制作完毕。最终效果如图 9-34 所示。

图 9-34

温馨提示：

在进行封面设计时，要先进行构思立意，确定封面的风格和采用的设计形式，然后对图片和文字进行选择、排放，最后对整体设计进行调色。

小技巧：

读者在对"钢笔工具"把握不是很好的情况下，可将效果图导入页面当中，把效果图作为参考底纹来描绘。

二、工作检查

我的实际完成结果和理论结果比较，是否存在不足之处？如有，请分析原因。

_____

_____

【知识链接】

1. 书籍封面设计起源与发展

书籍是表达思想，传播知识，交流经验的工具。

书籍装帧设计，指的是对开本、字体、版面、纸张、材料、印刷和装订等进行的整体构思，是从原稿到成书的整体设计。

1）起源

最早起源于结绳记事，后随着汉字的发展（甲骨文—金文—小篆—楷书）而变化。

2）书籍装帧形式的发展（见图9-35至图9-43）

简和策

图9-35

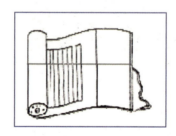

卷轴装

图9-36

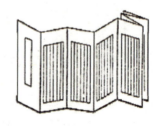

经折装

图9-37

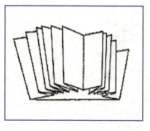

旋风装

图9-38

蝴蝶装

图9-39

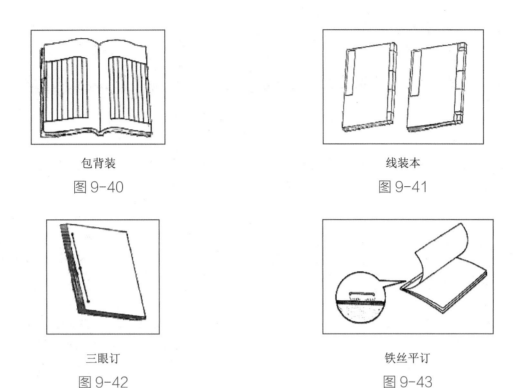

包背装
图 9-40

线装本
图 9-41

三眼订
图 9-42

铁丝平订
图 9-43

2. 书籍装帧的构成要素

书籍装帧的构成要素包括封面、书脊、封底、护封、腰封、护页、扉页、内页、前勒口和后勒口等，如图 9-44 所示。

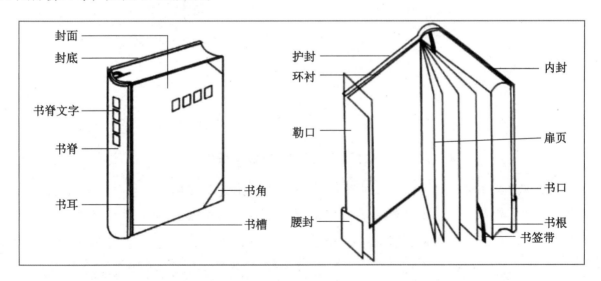

图 9-44

3. 封面设计的含义

封面设计指为书籍设计封面，在进行封面设计时，应突出主题，大胆设想，力求运用构图、色彩、图案等知识，设计出比较美观、富有情感的封面。

4．封面设计的基本元素

1）文字

封面必须要表达清楚书籍的主题，封面中有几个部分的文字是必不可少的，包括书籍的书名、编著者、出版社名。这些文字的字体一般采用打印字体、书法字体、美术字体。打印字体，如宋体、新宋体、黑体等。书法字体，如楷书、行书、隶书、草书等。在设计书名时一般用比较显眼的字体，出版社名一般是固定好的设计形式，作者名可用另一些字体或者手写的形式。

2）图形

封面上的图，除了承担部分的说明任务，体现内容外，还可以起到美化书籍的装饰作用。封面图形形式多样，如绘画类型、装饰图案、摄影图片等。

3）色彩

在色彩学中，有冷色调、暖色调和中间色调。不同的色彩所表达的情感是不一样的。因此，我们需要对书籍进行充分了解后，选择适当的色彩，从而使读者对书籍有更直观的感受。

【思政园地】

聊一聊：以匠心设计传递中华传统文化

学生：老师，最近我发现做设计越来越难了，感觉力不从心了，唉……

老师：随着经济的快速发展，现代化进程的加快，日益提升的生活水平使得人们对生活质量的要求不断提升，审美需求也发生了转变。地域文化无论是在表现形式还是美感上都有显著的特点，具有浓厚的特色，它可以作为设计的灵感来源和创作土壤。

学生：老师，您说的有道理，我做了《咏荷诗题集》书籍封面设计后发现其中涉及了好多的知识点呢，老师您能告诉我如何把一些当地的人文元素运用到我们的设计当中吗？

老师：这会涉及多方面的文化，有必要的话我们可以做实地考察！设计的文化内涵是一个不断发展的动态体系，随着时间的流逝推移、历史的变化更替、文明的深化进步而发展。其中的设计技巧是运用当地具有代表性的建筑标志或其他事物，赋予设计作品特定的气质，呈现出设计作品美的一面，体现民族智慧，传承本民族文化。

　　老师：我们可以把当地的本土特色元素用视觉语言进行表达，这样人文特色会更加直观。作为设计师，我们应该把当地的文化气息在我们的设计作品中体现出来，用心去体会才能把它蕴含的文化表达出来，让它走出去，并得到传承与发扬。

　　学生：看来我还是要好好学习，才能设计出更好的作品。

▶ 课堂练习——贵港市职业教育中心宣传画册设计

　　【技术点拨】使用"钢笔工具""椭圆工具""多边形工具"绘制形状，为置入嵌入的对象创建剪贴蒙版效果，利用"自由变换"命令调整图像的大小，使用"横排文字工具"输入文本，为对象应用图层样式。效果如图 9-45 所示。

　　【效果图所在位置】

扫码观看本案例视频

图 9-45

▶ 课后习题——大促海报设计

【技术点拨】

为置入嵌入的对象创建剪贴蒙版效果，使用"魔棒工具"进行抠图操作，使用"横排文字工具"输入文本，使用"钢笔工具"绘制藕片形状，使用"椭圆工具""矩形工具""直线工具"绘制形状。效果如图 9-46 所示。

【效果图所在位置】

扫码观看本案例视频

图 9-46

项目十

UI 设计

随着互联网的发展，越来越多的互联网产品界面会进行 UI 设计。界面是 UI 设计中最重要的部分，用户可以通过界面进行信息传递。界面设计是涉及版面布局、颜色搭配等内容的综合性工作，在设计中，需要对设计的形式反复推敲，才能使其达到完美的效果。

在本项目中我们将利用 Photoshop CC 2019 软件的各种功能，完成"贵港生活 APP 界面设计""健康运动 APP 界面设计"的设计与制作，从而掌握利用 Photoshop CC 2019 软件进行界面设计的方法与技巧。

学习目标

（1）了解 APP 的概念。
（2）了解 APP 设计的流程。
（3）掌握 APP 界面设计的规范。
（4）掌握 APP 界面设计的布局。
（5）掌握 APP 界面设计的技巧。

项目分解

任务一　贵港生活 APP 界面设计
任务二　健康运动 APP 界面设计

任务效果图展示（见图10-1、图10-2）

图 10-1

图 10-2

▶ 任务一　贵港生活 APP 界面设计

【工作情景描述】

　　贵港生活 APP 是由贵港市主导推出的一款城市服务软件，旨在为贵港市民提供全方位政务和生活服务，秉承"以市民为中心"的理念，打造移动端城市服务统一入口。该

APP 聚焦社保、医保、公积金查询等高频服务，集成健康码、电子证件照等便民服务，提供居住证、户口等在线办理服务，开通"我为群众办实事"频道，汇聚全媒体资讯内容。以大数据技术为依托，为市民提供个性、精准、智能化服务，持续提升贵港市民归属感、幸福感。

　　请你根据贵港生活 APP 的背景，进行界面设计。

【建议学时：8 学时】

【学习结构】

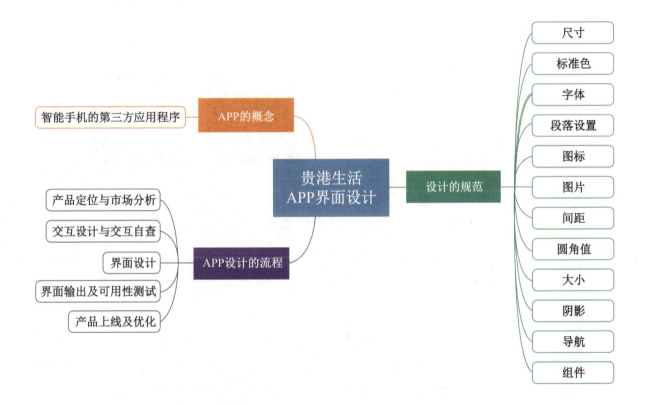

【工作过程与学习活动】

学习活动 ② 工作实施

💡 学习目标

能根据既定的工作计划，通过小组合作方式，落实实施步骤。

建议学时：6 学时

⏰ 学习过程

一、工作实施步骤

扫码观看本案例视频　　　扫码查看拓展案例

（1）启动 Photoshop CC 2019 软件，选择"文件"——"新建"命令（按下 Ctrl+N 组合键），弹出"新建文档"窗口，新建一个"宽度"为 1080 像素，"高度"为 1920 像素，"分辨率"为 96 像素/英寸，"名称"为"贵港生活 APP 界面设计"的图像文件，单击"创建"按钮。

（2）在工具箱中选择"渐变工具" ▉（按下快捷键 G），在属性栏中选择"线性渐变"，将渐变颜色设置为从蓝色（RGB：17，151，206）到粉色（RGB：235，199，192）的渐变，然后在画布上拖曳出合适的渐变，得到如图 10-3 所示的效果。

（3）选择"文件"——"置入嵌入对象"命令，在弹出的"置入嵌入的对象"对话框中，找到"贵港生活 APP 界面设计"素材文件夹，选择"水墨.png"素材文件，单击"置入"按钮，然后调整素材至合适的大小和位置，得到如图 10-4 所示的效果。

（4）选中"水墨"图层，单击"图层"面板下方的"添加图层蒙版"按钮▣，在工具箱中选择"渐变工具" ▉（按下快捷键 G），在属性栏中选择线性渐变，将渐变颜色设置为从黑色到白色的渐变，在图层蒙版中拖曳出合适的渐变，得到如图 10-5 所示的效果。

（5）参照步骤（3）的方法，置入"亭子.png"素材文件，调整素材至合适的大小和位置，得到如图 10-6 所示的效果。

图 10-3　　　　　　图 10-4　　　　　　　　图 10-5

（6）选中"亭子"图层，按下 Ctrl+J 组合键得到"亭子 拷贝"图层。选中"亭子 拷贝"图层，按下 Ctrl+T 组合键，图片进入自由变换状态，将鼠标移到图片上，单击鼠标右键，在弹出的快捷菜单中选择"垂直翻转"命令。将该图层的不透明度修改为 30%，使用"移动工具" （按下快捷键 V）将图像移动至合适的位置，效果如图 10-7 所示。

（7）参照步骤（3）的方法，置入"古风少女.png"素材文件，然后调整素材至合适的大小和位置，得到如图 10-8 所示的效果。

（8）参照步骤（6）的方法，制作"古风少女"的倒影效果，效果如图 10-9 所示。

　　　　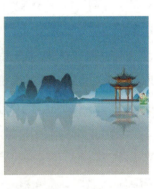

图 10-6　　　　　　　　图 10-7　　　　　　　图 10-8　　　　　　图 10-9

（9）在工具箱中选择"横排文字工具" （按下快捷键 T），分别输入文字"Hi，贵港""智慧城市第一生活服务资讯平台""掌上贵港"。分别选中输入的文字，在"字符"面板中调整文字的属性：设置"字体"均为字魂-35 号经典雅黑，"大小"分别为 154 点、53 点、50 点，"颜色"均为白色，得到如图 10-10 所示的效果。

（10）在工具箱中选择"钢笔工具" （按下快捷键 P），在属性栏中将"属性"设置为形状，"填充颜色"设置为白色，无描边，在画布中绘制出合适的形状，如图 10-11 所示。

（11）在工具箱中选择"横排文字工具" （按下快捷键 T），沿着步骤（10）绘制出来的形状输入文字"我的贵港 我的家"，选中输入的文字后，在"字符"面板中调整文字的属性：设置"字体"为禹卫书法行书简体，"大小"为 75 点，"颜色"为白色，得到如

图 10-12 所示的效果。

（12）在"图层"面板中选中所有图层，按下 Ctrl+G 组合键，给图层编组，并且将图层组命名为"启动页"，完成启动页的制作。此时"图层"面板如图 10-13 所示。

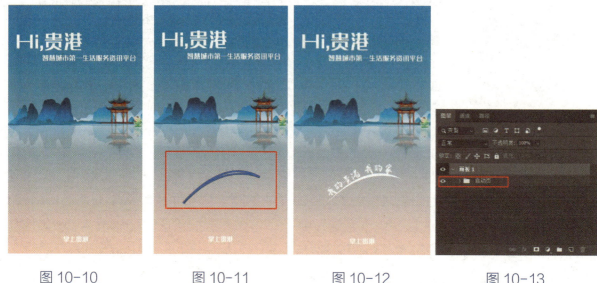

图 10-10　　　　　图 10-11　　　　　图 10-12　　　　　图 10-13

（13）接下来制作首页。在"图层"面板下方单击"创建新图层"按钮，然后设置前景色为灰白色（RGB：243，243，243），按下 Alt+Delete 组合键，将新建的图层填充为灰白色。

（14）在工具箱中选择"矩形工具"（按下快捷键 U），在属性栏中设置"选择工具模式"为形状，"填充颜色"为粉色（RGB：252，208，199），无描边，在画布上绘制合适的矩形，得到如图 10-14 所示的效果。

（15）继续使用"矩形工具"（按下快捷键 U），在画布上绘制合适的矩形，然后设置该矩形的"填充颜色"为白色，无描边。选中该矩形图层，单击"图层"面板下方的"添加图层样式"按钮，在弹出的下拉列表中选择"投影"样式，在弹出的对话框中修改投影参数，如图 10-15 所示，最后单击"确定"按钮。

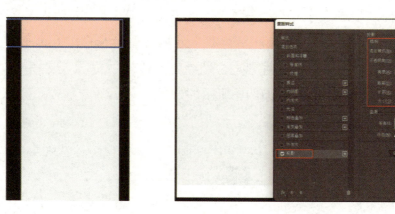

图 10-14　　　　　　　　　　图 10-15

（16）打开素材"图标.psd"，选择底部的图标，并将图标移动至画布合适的位置，然后按下 Ctrl+T 组合键，调整图标至合适的大小，得到如图 10-16 所示的效果。

（17）在工具箱中选择"横排文字工具" T（按下快捷键 T），输入文字"首页""办事""一码通""生活""我的"。分别选中输入的文字，在"字符"面板中调整文字的属性："字体"均为黑体，"大小"均为 35 点，"颜色"分别为蓝色（RGB：17，151，206）和灰色（RGB：80，80，80），得到如图 10-17 所示的效果。

（18）分别选中"办事""生活""我的"三个图层，单击"图层"面板下方的"添加图层样式"按钮 fx，在弹出的下拉列表中选择"颜色叠加"选项，在弹出的对话框中设置"颜色"为灰色（RGB：80，80，80），"混合模式"为正常，"不透明度"为 100%，如图 10-18 所示。

（19）分别选中"首页""一码通"图层，单击"图层"面板下方的"添加图层样式按钮" fx，在弹出的下拉列表中选择"颜色叠加"选项，在弹出的对话框中设置"颜色"为蓝色（RGB：17，151，206），"混合模式"为正常，"不透明度"为 100%，效果如图 10-19 所示。

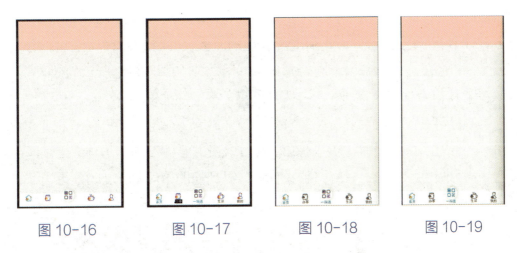

图 10-16　　　　图 10-17　　　　图 10-18　　　　图 10-19

（20）在工具箱中选择"圆角矩形工具" ◻（按下快捷键 U），在属性栏中设置"选择工具模式"为形状，"填充颜色"为白色，无描边，"半径"为 50 像素，在画布上绘制合适的圆角矩形，得到如图 10-20 所示的效果。

（21）打开素材"图标.psd"，选择搜索图标，并将其移动至画布合适的位置，然后按下 Ctrl+T 组合键，调整图标至合适的大小，得到如图 10-21 所示的效果。

（22）在工具箱中选择"横排文字工具" T（按下快捷键 T），输入文字"输入需要搜索的内容"。选中输入的文字后，在"字符"面板中调整文字的属性：设置"字体"为黑体，"大小"为 34 点，"颜色"为灰色（RGB：150，150，150），得到如图 10-22 所示的效果。

图 10-20　　　　　　图 10-21　　　　　　图 10-22

（23）打开素材"图标.psd"，选择语音图标，并将其移动至画布合适的位置，然后按下Ctrl+T组合键，将其调整至合适的大小，得到如图10-23所示的效果。

（24）打开素材"图标.psd"，选择天气图标，并将其移动至画布合适的位置，然后按下Ctrl+T组合键，将其调整至合适的大小，得到如图10-24所示的效果。

（25）在工具箱中选择"横排文字工具" **T** （按下快捷键 T），输入文字"18℃"。选中输入的文字后，在"字符"面板中调整文字的属性："字体"为黑体，"大小"为35点，"颜色"为白色，得到如图10-25所示的效果。

图 10-23   图 10-24   图 10-25

（26）在工具箱中选择"矩形工具" ■（按下快捷键 U），在属性栏中设置"选择工具模式"为形状，"填充颜色"为白色，无描边，在画布上绘制合适的矩形，得到如图10-26所示的效果。

（27）打开素材"图标.psd"，分别选择合适的图标，并将它们移动至画布合适的位置。然后按下Ctrl+T组合键，分别调整至合适的大小，得到如图10-27所示的效果。

（28）在工具箱中选择"横排文字工具" **T** （按下快捷键 T），输入文字"文明贵港""掌上政务""办事大厅""政民互动""疫情防控""教育入学""公积金""企业申报"。分别选中输入的文字，在"字符"面板中调整文字的属性："字体"均为黑体，"大小"均为40.6点，"颜色"均为灰色（RGB：118，118，118），得到如图10-28所示的效果。

图 10-26   图 10-27   图 10-28

（29）在工具箱中选择"矩形工具" ■（按下快捷键 U），在属性栏中设置"选择工具模式"为形状，"填充颜色"设置为白色，无描边，在画布上绘制合适的矩形，得到如图10-29所示的效果。

（30）选中矩形所在的图层，单击"图层"面板下方的"添加图层样式"按钮 fx，在弹出的下拉列表中选择"投影"选项，根据需要修改投影参数。

（31）选择"文件"——"置入嵌入对象"命令，在弹出的"置入嵌入的对象"对话框中找到"贵港生活 APP 界面设计"素材文件夹，选择"未来城市.jpg"文件，单击"置入"
按钮，然后将其调整到合适的位置，得到如图 10-30 所示的效果。

图 10-29

图 10-30

（32）在"图层"面板中选中"未来城市"图层，单击鼠标右键，在弹出的快捷菜单中
选择"创建剪贴蒙版"命令，得到如图 10-31 所示的效果。

（33）在工具箱中选择"横排文字工具" **T**（按下快捷键 T），输入文字"入贵返贵登
记"。选中输入的文字后，在"字符"面板中调整文字的属性：设置"字体"为黑体，"大
小"为 90 点，"颜色"为白色，按下"回车键"确定，效果如图 10-32 所示。

图 10-31　　　　　　　　　　　　　　　图 10-32

（34）选中"入贵返贵登记"文字图层，为其添加"投影"样式，并根据需要修改投影
参数。

（35）在工具箱中选择"矩形工具" ▣（按下快捷键 U），在属性栏中设置"选择工具
模式"为形状，"填充颜色"为粉色（RGB：252，208，199），无描边，在画布上绘制合适
的矩形，得到如图 10-33 所示的效果。

（36）选中该矩形所在图层，为其添加"投影"样式，并根据需要修改投影参数。

（37）参照步骤（31）的方法，置入"长城.png"文件，得到如图 10-34 所示的效果。

（38）选中"长城"图层，单击"图层"面板下方的"添加图层样式"按钮 fx，在弹出
的下拉列表中选择"颜色叠加"选项，在弹出的对话框中设置"颜色"为黄色（RGB：228，
185，125），"不透明度"为 100%，得到的效果如图 10-35 所示。

（39）在"图层"面板中选中"长城"图层，单击鼠标右键，在弹出的快捷菜单中选择
"创建剪贴蒙版"命令，得到如图 10-36 所示的效果。

图 10-33　　　　　　图 10-34　　　　　　图 10-35

（40）在工具箱中选择"横排文字工具" T （按下快捷键 T），输入文字"我为群众办实事"。选中输入的文字后，在"字符"面板中调整文字的属性：设置"字体"为黑体，"大小"为 90 点，"颜色"为白色，按下"回车键"确定，效果如图 10-37 所示。

（41）选中"我为群众办实事"文字图层，为其添加"投影"样式，并根据需要修改投影参数，如图 10-38 所示。

图 10-36　　　　　图 10-37　　　　　　　　图 10-38

图 10-39

（42）参照步骤（31）的方法，置入"党徽.png"文件，然后调整其大小和位置，得到如图 10-39 所示的效果。

（43）在工具箱中选择"矩形工具" ■ （按下快捷键 U），在属性栏中设置"选择工具模式"为形状，"填充颜色"为白色，无描边，在画布上绘制合适的矩形，得到如图 10-40 所示的效果。

（44）在工具箱中选择"横排文字工具" T （按下快捷键 T），输入文字"荷城资讯""查看更多热门资讯 >"，分别选中输入的文字，在"字符"面板中调整文字的属性："字体"均为黑体，"大小"分别为 50 点和 28 点，"颜色"分别为深灰色（RGB：51，51，51）和浅灰色（RGB：150，150，150），得到如图 10-41 所示的效果。

（45）在工具箱中选择"横排文字工具" T （按下快捷键 T），输入文字"高龄老人津贴""专家预约问诊""文艺演出展览"，分别选中输入的文字，在"字符"面板中调整文字的属性："字体"均为黑体，"大小"均为 40 点，"颜色"均为深灰色（RGB：51，51，51），得到如图 10-42 所示的效果。

图 10-40　　　　　　　　　图 10-41　　　　　　　　　图 10-42

（46）在工具箱中选择"矩形工具" ■（按下快捷键 U），在属性栏中设置"选择工具模式"为形状，"填充颜色"为橙色（RGB：231，90，43），无描边，在画布上绘制合适的矩形，并将矩形命名为"橙色矩形"，得到如图 10-43 所示的效果。

（47）在"图层"面板中选中"橙色矩形"图层，连续两次按下 Ctrl+J 组合键，复制两个橙色矩形，并将它们移动到合适的位置，得到如图 10-44 所示的效果。

（48）参照步骤（31）的方法，分别置入"老人.jpg""医生.jpg""演出.jpg"素材文件，得到如图 10-45 所示的效果。

图 10-43　　　　　　　　　图 10-44　　　　　　　　　图 10-45

（49）调整图层顺序，将置入的"老人.jpg""医生.jpg""演出.jpg"三张素材所在的图层分别移动至三个橙色矩形所在的图层的上方，"图层"面板如图 10-46 所示。

（50）在"图层"面板中，分别选中"老人""医生""演出"三个图层，单击鼠标右键，在弹出的快捷菜单中选择"创建剪贴蒙版"命令，得到如图 10-47 所示的效果。

（51）在"图层"面板中选中"启动页"图层组外的所有图层，按下 Ctrl+G 组合键，给图层编组，并将图层组命名为"首页"，如图 10-48 所示。至此，完成首页的制作。

（52）接下来制作办事大厅详情页。在"图层"面板下方单击"创建新图层"按钮 ■，然后设置前景色为灰白色（RGB：243，243，243），按下 Alt+Delete 组合键，将新建的图层填充为灰白色。

（53）在工具箱中选择"矩形工具" ■（按下快捷键 U），在属性栏中设置"选择工具模式"为形状，"填充颜色"为白色，无描边，在画布上绘制合适的矩形，得到如图 10-49

所示的效果。

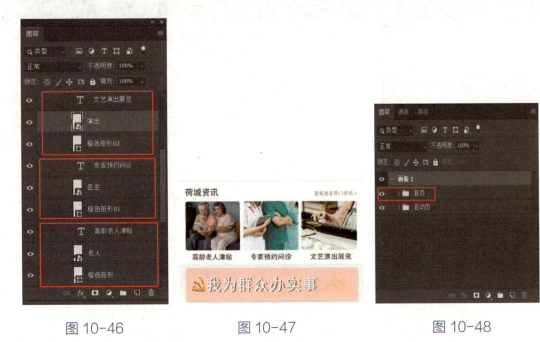

图 10-46　　　　　图 10-47　　　　　图 10-48

（54）在工具箱中选择"横排文字工具" ![T] （按下快捷键 T），输入文字"办事大厅"。选中输入的文字后，在"字符"面板中调整文字的属性：设置"字体"为黑体，"大小"为 45 点，"颜色"为黑色，得到如图 10-50 所示的效果。

（55）打开素材"图标.psd"，分别选择合适的图标，并将它们移动至画布合适的位置。分别按下 Ctrl+T 组合键，将它们调整至合适的大小，得到如图 10-51 所示的效果。

图 10-49　　　　　图 10-50　　　　　图 10-51

（56）在工具箱中选择"横排文字工具" ![T] （按下快捷键 T），输入文字"办事指南""政务预约""服务定制""服务评价"。分别选中输入的文字，在"字符"面板中调整文字的属性：设置"字体"均为黑体，"大小"均为 33 点，"颜色"均为灰色（RGB：118，118，118），得到如图 10-52 所示的效果。

（57）在工具箱中选择"矩形工具" ![□] （按下快捷键 U），在属性栏中设置"选择工具模式"为形状，"填充颜色"为白色，无描边，在画布上绘制合适的矩形。选中矩形图层，单击"图层"面板下方的"添加图层样式"按钮 ![fx]，在弹出的下拉列表中选择"投影"选项，然后在弹出的对话框中根据需要修改投影参数，如图 10-53 所示。

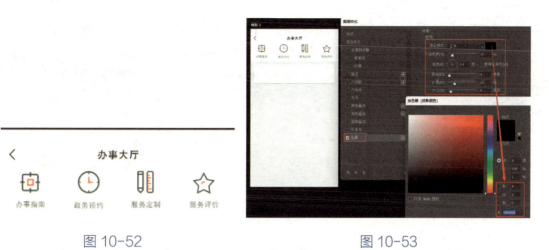

图 10-52　　　　　　　　　　　图 10-53

（58）参照步骤（31）的方法，置入"平面地图.png"素材文件，在"图层"面板中选中"平面地图"图层，单击鼠标右键，在弹出的快捷菜单中选择"创建剪贴蒙版"命令，得到如图 10-54 所示的效果。

（59）在工具箱中选择"横排文字工具" **T** （按下快捷键 T），输入文字"政务地图""市民办事地图"。分别选中输入的文字，在"字符"面板中调整文字的属性：设置"字体"均为黑体，"大小"分别为 90 点和 50 点，"颜色"均为白色，得到如图 10-55 所示的效果。

（60）分别选中"政务地图""市民办事地图"文字图层，为其添加"投影"样式，并根据需要修改投影参数。

（61）参照步骤（31）的方法，置入"地图.png"素材文件，然后调整其大小和位置，得到如图 10-56 所示的效果。

图 10-54　　　　　　　　图 10-55　　　　　　　　图 10-56

（62）在工具箱中选择"矩形工具" ▭ （按下快捷键 U），在属性栏中设置"选择工具模式"为形状，"填充颜色"设置为白色，无描边，在画布上绘制合适的矩形，得到如图 10-57 所示的效果。

（63）在工具箱中选择"横排文字工具" **T** （按下快捷键 T），输入文字"便民生活""更多 >""入学""就业""置业""进度"。分别选中输入的文字，在"字符"面板中调整文字的属性：设置"字体"均为黑体，"大小"分别为 50 点、35 点、42 点，"颜色"分别为深灰色（RGB：51，51，51）和浅灰色（RGB：129，129，129），得到如图 10-58 所示的效果。

（64）打开素材"图标.psd"，分别选择合适的图标，将它们移动至画布合适的位置，然后分别按下 Ctrl+T 组合键，调整至合适的大小，得到如图 10-59 所示的效果。

图 10-57　　　　　　　　图 10-58　　　　　　　　图 10-59

（65）在工具箱中选择"矩形工具"▭（按下快捷键 U），在属性栏中设置"选择工具模式"为形状，"填充颜色"设置为白色，无描边，在画布上绘制合适的矩形，得到如图 10-60 所示的效果。

（66）在工具箱中选择"横排文字工具"[T]（按下快捷键 T），分别输入相应的文字。选中输入的文字，在"字符"面板中调整文字的属性：设置"字体"均为黑体，"大小"分别为 50 点、35 点、45 点，"颜色"分别为深灰色（RGB：51，51，51）、浅灰色（RGB：150，150，150）、橙色（RGB：249，110，65），得到如图 10-61 所示的效果。

（67）在"图层"面板中选中"启动页""首页"图层组外的所有图层，按下 Ctrl+G 组合键，给图层编组，并且将图层组命名为"办事大厅详情页"，如图 10-62 所示。

图 10-60　　　　　　　　图 10-61　　　　　　　　图 10-62

（68）参照步骤（31）的方法，置入"顶部.png"素材文件，并调整其大小和位置，得到如图 10-63 所示的效果。

（69）至此，完成三个页面的制作，最终效果如图 10-64 所示。

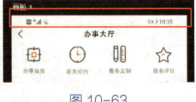

图 10-63

图 10-64

温馨提示：

印刷中的出血是指加大产品图案的外尺寸，在裁切位延伸出一些图案，专门给各生产工序在其工艺公差范围内使用，避免裁切后的成品露白边或裁到内容。在制作时就可以将尺寸分为设计尺寸和成品尺寸，设计尺寸总比成品尺寸大，大出来的边要在印刷后裁掉，这个要被印出来并被裁掉的部分就称为出血或出血位。

小技巧：

出血的常用制作方法：出血的标准尺寸为 3 毫米，就是沿实际尺寸加 3 毫米的边。这个"边"按尺寸内颜色自然扩大是最理想的。

二、工作检查

我的实际完成结果和理论结果比较，是否存在不足之处？如有，请分析原因。

_____

_____

_____

_____

_____

【知识链接】

1．APP 的概念

APP 即 Application（应用程序），指智能手机的第三方应用程序。用户主要从应用商店下载 APP，比较著名的应用商店有苹果的 App Store、谷歌的 Google Play Store、华为应用市场等。

2．APP 设计的流程

可以按照以下流程来设计 APP：产品定位与市场分析、交互设计与交互自查、界面设计、界面输出及可用性测试、产品上线及优化。

3．APP 界面设计的规范

在设计 APP 界面的过程中，设计规范是一个关键步骤，一般 APP 界面设计规范由几大部分组成，分别是尺寸、标准色、字体、段落设置、图标、图片、间距、圆角值、大小、阴影、导航、组件等。

1）尺寸

（1）设计图尺寸：当多个设计师合作时，设计之初一定要统一设计的尺寸，提高工作效率。图 10-65 是三种预设尺寸。

图 10-65

（2）间距大小：包括页边距、模块之间的间距，这种全局的间距大小必须要一致，页边距的大小基本上以 20 像素、24 像素、32 像素居多，根据产品特性统一即可。

模块之间的间距相对复杂，需要先确定模块之间的分割方式，是用线、面，还是留白，然后确定模块内部的分割方式，最后确定间距。图 10-66 显示了三种模块之间的分割方式。

线分割　　　　面分割　　　　留白

图 10-66

确定模块之间的分割方式和模块内部的分割方式后，在设计时要严格执行。例如，如果明确规范模块之间用线，模块内部用留白，那么后续所有页面都要按照这个规则来设计（特殊情况除外）。

2）标准色

颜色是设计中的重要组成部分。颜色的搭配直接影响产品的品质感。标准色一般包括基础标准色（主色）、基础文字色和全局标准色（背景色、分割线色值等）。使用标准色需要标好色值和使用场景，图 10-67 显示了一套标准色规范。

图 10-67

当颜色是渐变色的时候，也需要标清楚渐变的颜色。

对颜色值统一规范命名变量，提高开发效率的同时可以更好地遵守设计规范。

3）字体

字体是设计中必不可少的考虑因素，不同的字体气质不一样，在不同场景下带给人的感受也不一样。因此，需要在设计时考虑字体的设计效果，然后在设计规范中注明。

4）段落设置

在设计实际产品时，段落有很多样式，不同场景下的段落要求也不一样。例如，阅读内容的段落要求文本可阅读性强，所以对字体、字号、颜色、行间距等要求是简单易读，而带有装饰性的段落文本则不需要那么严谨，装饰性强就可以。

需要注意的是，在定义段落默认字体时还需要定义一个后备字体，后备字体是在默认字体不能正常显示的情况下显示的字体。设计的水平层次就在于对细节的打磨，这也就是段落规范在设计中存在的意义。

行间距也不可忽视，不管是一行文字还是多行文字，我们都需要标注清楚行间距，也就是行高，如果有多个段落，则还需要标注段落间距。因此，为了避免团队的其他成员忽略了文字的行间距（段间距），我们需要在做设计时标明。图 10-68 是一套规范示例。

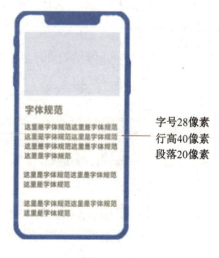

图 10-68

5）图标

图 10-69 显示了一组图标。图标具有以下三个作用。

（1）图标是与其他网站链接的标志和门户。

（2）图标是网站形象的重要体现。

（3）图标能使受众便于选择。根据图标的大小和用途进行分类整理，这样才能清晰明了。

图 10-69

6）图片

图片包括 APP 在内出现的所有图，一般情况下都是产品图和头像。需要注意的是，在制定规范时，要先把图片比例确定好，常见的比例有 1∶1、2∶1、4∶3、16∶9 等，也属于设计规范最重要的部分之一。另外，还要按照用途分类整理图片资源，将设计风格系统化。最后把每个模块所用的图片大小和它的比例标清楚，如果图片有圆角度也需要注明。

7）栅格系统（间距、圆角值和大小）

在设计过程中，经常会使用一套规范的度量标准来保证产品的一致性，分别为圆角值、间距、大小。

对度量的解释最好的是设计中经常使用的栅格系统（Grid Systems），运用固定的格子设计版面布局，风格工整、简洁。

8）阴影

阴影及参数也是设计规范中的一部分，在整理设计规范时，需要注意的是，阴影的参数值是网页中控制阴影的参数值，而不是设计软件中的参数值。

9）导航

导航分为顶导航、底导航和二级导航，要注意高度、字体、字号、颜色、有没有分割线。如果有分割线，则分割线色值，带不带图标、多个图标之间的间距等都是需要考虑的因素。

10）组件

常用的 UI 组件有 Button 控件、下拉框、选择框（单选/复选框）、时间选择器、输入框、搜索框、进度条、分页器、提示框、警告框、表格、弹出面板、数字步进器和选项卡等。

【思政园地】

贵港精神

学生：老师，我最近看到贵港创建文明城市的宣传图片，什么是贵港精神？

老师：贵港精神就是"和为贵，诚为本，干为先"。

学生：老师，它们的含义分别是什么呢？

老师："和为贵"——贵港精神的本质特征，是贵港历史文化的精髓，体现了贵港各族人民团结协作、开放包容、与人为善、礼貌谦让的精神。"诚为本"——贵港精神的人文特质，是贵港人的立身之本，体现了贵港各族人民真心待人、诚心做事、讲究信用、履行承诺的处世准则。"干为先"——贵港精神的时代特点，是实现赶超跨越的先决条件，体现了贵港各族人民开拓进取、实干苦干、立说立行、敢为人先的工作作风。

学生：嗯，老师我知道了，这是我们荷城的城市品牌文化。

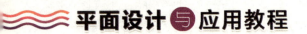
▶ 任务二　健康运动 APP 界面设计

【工作情景描述】

　　运动健身已经成为一种时尚的生活方式，健康运动 APP 是一款记录运动数据的 APP，主要面向年轻用户，为工作繁忙的年轻用户合理规划运动时间，满足年轻用户的居家健身需求。

　　请你根据健康运动 APP 的背景，进行界面设计。

【建议学时：8 学时】

【学习结构】

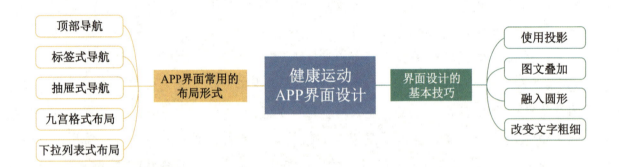

【工作过程与学习活动】

学习活动 ② 工作实施

💡 学习目标

能根据既定的工作计划，通过小组合作方式，落实实施步骤。

建议学时：6 学时

⏰ 学习过程

一、工作实施步骤

扫码观看本案例视频　　扫码查看拓展案例

（1）启动 Photoshop CC 2019 软件，选择"文件"——"新建"命令（按下 Ctrl+N 组合键），弹出"新建文档"窗口，新建一个"宽度"为 952 像素，"高度"为 1946 像素，"分辨率"为 96 像素/英寸，"名称"为"健康运动 APP 界面设计"的图像文件，单击"创建"按钮。

（2）在工具箱中单击"前景色"按钮▧，将前景色修改为绿色（RGB：36，175，135），按下 Alt+Delete 组合键，为画布填充前景色。

（3）在工具箱中选择"椭圆工具"◯（按下快捷键 U），在属性栏中设置"选择工具模式"为形状，"填充颜色"为绿色（RGB：127，215，123），无描边，在画布左上角绘制合适的形状，并且在"图层"面板中将图层命名为"左上角"，得到如图 10-70 所示的效果。

（4）在工具箱中选择"钢笔工具"✐（按下快捷键 P），在属性栏中设置"选择工具模式"为形状，"填充颜色"为绿色（RGB：127，215，156），无描边，在画布右上角绘制合适的形状，并且在"图层"面板中将图层命名为"右上角"，得到如图 10-71 所示的效果。

（5）选择"文件"——"置入嵌入对象"命令，在弹出的"置入嵌入的对象"对话框中，找到"健康运动 APP 界面设计"素材文件夹，选择"小草.png"素材文件，单击"置入"按钮，然后调整其大小和位置，得到如图 10-72 所示的效果。

（6）在工具箱中选择"钢笔工具"✐（按下快捷键 P），在属性栏中设置"选择工具模式"为形状，"填充颜色"为绿色（RGB：145，201，89），无描边，在画布左下角绘制合适的形状，并且在"图层"面板中将图层命名为"左下角"，得到如图10-73所示的效果。

（7）在工具箱中选择"钢笔工具" （按下快捷键P），在属性栏中设置"选择工具模式"为形状，"填充颜色"为黄色（RGB：253，240，103），无描边，在画布右下角绘制合适的形状，并且在"图层"面板中将图层命名为"右下角"，得到如图10-74所示的效果。

（8）打开素材"手绘人物.psd"，选择"跳绳的女孩"图层组，然后将其移动至当前画布合适的位置，按下Ctrl+T组合键调整素材的大小，得到如图10-75所示的效果。

图 10-70	图 10-71	图 10-72
图 10-73	图 10-74	图 10-75

（9）在工具箱中选择"矩形工具" （按下快捷键U），在属性栏中设置"选择工具模式"为形状，"填充颜色"为绿色（RGB：35，172，133），无描边，在画布上绘制合适的矩形，得到如图10-76所示的效果。

（10）选中"矩形1"图层，单击"图层"面板下方的"添加图层样式"按钮fx，在弹出的下拉列表中选择"外发光"选项，在弹出的对话框中设置"混合模式"为正片叠底，

"不透明度"为 15%,"颜色"为绿色(RGB:29,139,107)。

(11)在工具箱中选择"圆角矩形工具" (按下快捷键 U),在属性栏中设置"选择工具模式"为形状,"填充颜色"为白色,无描边,"半径"为 50 像素,在画布上绘制合适的矩形,得到如图 10-77 所示的效果。

(12)在"图层"面板中选中"圆角矩形 1"图层,连续按下 Ctrl+J 组合键 2 次,复制图层。然后在工具箱中选中"移动工具" ⊕(按下快捷键 V),将复制出来的圆角矩形图层移动至合适的位置,并将最下方的圆角矩形的"填充颜色"修改为紫色(RGB:66,124,183),得到如图 10-78 所示的效果。

图 10-76

图 10-77

图 10-78

(13)在工具箱中选择"横排文字工具" T(按下快捷键 T),分别输入文字"用户名/账号/手机号""请输入您的密码"。选中输入的文字后,在"字符"面板中调整文字的属性:设置"字体"为黑体,"大小"为 19 点,"颜色"为灰色(RGB:197,197,197),按下"回车键"确定,如图 10-79 所示。

(14)继续输入文字"登录",选中输入的文字后,在"字符"面板中调整文字的属性:设置"字体"为黑体,"大小"为 23 点,"颜色"为白色,按下"回车键"确定,如图 10-80所示。

(15)继续输入文字"注册账号""忘记密码",选中输入的文字后,在"字符"面板中调整文字的属性:设置"字体"为黑体,"大小"为 16 点,"颜色"为白色,按下"回车键"确定,如图 10-81 所示。

(16)打开素材"图标.psd",选择"个人""密码"图层,将它们移动至当前画布合适的位置,然后按下 Ctrl+T 组合键,调整素材至合适的大小,得到如图 10-82 所示的效果。

(17)继续输入文字"其他登录方式",选中输入的文字后,在"字符"面板中调整文字的属性:设置"字体"为黑体,"大小"为 16 点,"颜色"为白色,按下"回车键"确定,如图 10-83 所示。

图 10-79 　　　　　图 10-80 　　　　　图 10-81

（18）在工具箱中选择"矩形工具" （按下快捷键 U），在属性栏中设置"选择工具模式"为形状，"填充颜色"为灰色（RGB：179，179，179），无描边，在画布上绘制合适的矩形，得到如图 10-84 所示的效果。

图 10-82 　　　　　图 10-83 　　　　　图 10-84

（19）打开素材"图标.psd"，选择"微信""qq""微博"图层，将它们移动至当前画布合适的位置，然后按下 Ctrl+T 组合键调整素材至合适的大小，得到如图 10-85 所示的效果。

（20）在"图层"面板中选中除"图层 1"外的所有图层，按下 Ctrl+G 组合键将图层编组，命名为"登录界面"，单击该图层组前面的眼睛图标，隐藏图层组，如图 10-86 所示。

（21）接下来制作启动界面。在工具箱中选择"钢笔工具" （按下快捷键 P），在属性栏中设置"选择工具模式"为形状，"填充颜色"为绿色（RGB：125，162，66），无描边，在画布右上角绘制合适的形状，然后在"图层"面板中将图层命名为"右上角 1"，得到如图 10-87 所示的效果。

（22）继续使用"钢笔工具" 绘制形状，设置"填充颜色"为绿色（RGB：198，231，145），无描边，在画布右上角绘制合适的形状，然后在"图层"面板中将图层命名为"右上角 2"，得到如图 10-88 所示的效果。

图 10-85　　　　　　　　图 10-86　　　　　　　　图 10-87

（23）在工具箱中选择"椭圆工具" ⬭（按下快捷键 U），在属性栏中设置"选择工具模式"为形状，"填充颜色"为绿色（RGB：135，204，142），无描边，在画布右下角绘制合适的形状，并且在"图层"面板中将图层命名为"右下角"，得到如图 10-89 所示的效果。

（24）在工具箱中选择"钢笔工具" ✐（按下快捷键 P），在属性栏中设置"选择工具模式"为形状，"填充颜色"为紫色（RGB：147，106，178），无描边，在画布左下角绘制合适的形状，然后在"图层"面板中将图层命名为"左下角 1"，得到如图 10-90 所示的效果。

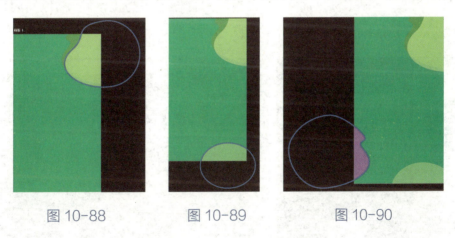

图 10-88　　　　　　　　图 10-89　　　　　　　　图 10-90

（25）继续使用"钢笔工具" ✐绘制形状，设置"填充颜色"为紫色（RGB：208，154，229），无描边，在画布左下角绘制合适的形状，然后在"图层"面板中将图层命名为"左下角 2"，得到如图 10-91 所示的效果。

（26）继续使用"钢笔工具" ✐绘制形状，设置"填充颜色"为绿色（RGB：198，231，145），无描边，在画布左上角绘制合适的形状，然后在"图层"面板中将图层命名为"左上角"，得到如图 10-92 所示的效果。

（27）打开素材"手绘人物.psd"，选择"打羽毛球的女孩"图层组，将其移动至当前画布合适的位置，然后按下 Ctrl+T 组合键，调整素材至合适的大小，得到如图 10-93 所示的效果。

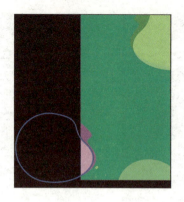

图 10-91　　　　　　图 10-92　　　　　　图 10-93

（28）在工具箱中选择"横排文字工具" **T** （按下快捷键 T），输入文字"运动不息""生命不止"。分别选中输入的文字，在"字符"面板中调整文字的属性：设置"字体"为锐字真言体，"大小"为 100 点，"颜色"为白色。在文字属性栏中选择"文字变形工具" **I** ，在弹出的对话框中选择合适的样式并设置参数，如图 10-94 所示。

（29）在"图层"面板中选中"运动不息""生命不止"文字图层，按下 Ctrl+J 组合键复制文字图层，然后分别将复制好的图层移至原图层下方合适的位置。接着将复制的图层栅格化，此时单击"图层"面板下方的"添加图层样式"按钮 **fx** ，在弹出的下拉列表中选择"颜色叠加"选项，在弹出的对话框中设置"混合模式"为正常，"颜色"为紫色（RGB：150，111，180），"不透明度"为 100%，如图 10-95 所示。

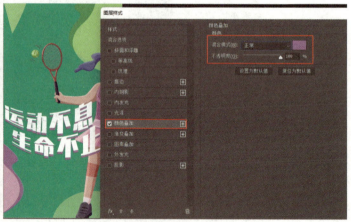

图 10-94　　　　　　　　　　　　图 10-95

（30）在"图层"面板中选中"运动不息""生命不止"文字图层，按下 Ctrl+J 组合键复制文字图层，选中复制得到的两个文字图层，按下 Ctrl+E 组合键，将两个文字图层合并，并将新图层命名为"旋风"，移至"运动不息""生命不止"文字图层上方。选中"旋风"图层，选择"滤镜"——"模糊"——"径向模糊"命令，设置模糊"数量"为 80，"模糊方法"为旋转，"品质"为好，效果如图 10-96 所示。

（31）选中"旋风"图层，按下 Ctrl+J 组合键复制图层，然后将该图层的不透明度调整为 38%。

（32）选中"旋风"图层，按下 Ctrl+J 组合键复制图层，然后将该图层的不透明度调整为 85%。按下 Ctrl+T 组合键，调整图层中图形的大小和位置，得到如图 10-97 所示的效果。

（33）此时已经完成启动页面的制作，将该页面相关的图层选中并编组，命名为"启动界面"，然后单击图层组前面的眼睛图标，隐藏图层组，如图 10-98 所示。

（34）接下来制作详情页面。在工具箱中选择"椭圆工具" （按下快捷键 U），在属性栏中设置"选择工具模式"为形状，"填充颜色"为绿色（RGB：108，175，70），无描边，在画布右下角绘制合适的形状，然后在"图层"面板中将图层命名为"右下角"，得到如图 10-99 所示的效果。

图 10-96　　　　　图 10-97　　　　　图 10-98

（35）在工具箱中选择"钢笔工具" （按下快捷键 P），在属性栏中设置"选择工具模式"为形状，"填充颜色"为紫色（RGB：207，190，249），无描边，在画布左下角绘制合适的形状，然后在"图层"面板中将图层命名为"左下角"，得到如图 10-100 所示的效果。

（36）继续使用"钢笔工具" 绘制形状，分别设置"填充颜色"为绿色（RGB：177，215，110）和蓝色（RGB：66，193，188），无描边，分别在画布右上角和右侧绘制合适的形状，并且在"图层"面板中分别将图层命名为"右上角""右边"，如图 10-101 所示。

（37）继续使用"钢笔工具" 绘制形状，分别设置"填充颜色"为深绿色（RGB：19，64，44）和浅绿色（RGB：130，175，51），无描边，在画布左上方绘制合适的形状，并且在"图层"面板中分别将图层命名为"左上角 1""左上角 2"，如图 10-102 所示。

（38）在工具箱中选择"椭圆工具" （按下快捷键 U），在属性栏中设置"选择工具模式"为形状，"填充颜色"为紫色（RGB：136，171，218），无描边，在画布中间绘制合适的形状，如图 10-103 所示。

（39）在工具箱中选择"圆角矩形工具" 〇 （按下快捷键 U），在属性栏中设置"选择工具模式"为形状，"填充颜色"为紫色（RGB：79，104，204），无描边，在画布上绘制合适的矩形，如图 10-104 所示。

图 10-99　　　　　图 10-100　　　　　图 10-101

图 10-102　　　　　图 10-103　　　　　图 10-104

（40）在工具箱中选择"横排文字工具" T （按下快捷键 T），分别输入文字"瑜伽""开始运动"，选中输入的文字后，在"字符"面板中调整文字的属性："字体"均为黑体，"大小"分别为 42 点和 28 点，"颜色"均为白色，按下"回车键"确定，效果如图 10-105所示。

（41）打开素材"手绘人物.psd"，选择"瑜伽女孩"图层组，将其移动至当前画布合适的位置，按下 Ctrl+T 组合键，调整素材至合适的大小，得到如图 10-106 所示的效果。

（42）此时已经完成详情页面的制作，将相关图层选中并编组，命名图层组为"详情界面"，如图 10-107 所示。

图 10-105   图 10-106   图 10-107

（43）至此，完成三个页面的制作，效果如图 10-108 所示。

图 10-108

温馨提示：

在对界面进行设计时，恰当运用投影效果可以提升细节美感。处理投影效果时需要注意两点：

（1）尽可能使用品牌色。

（2）注意透明度的调整，如不合适可反复调整。

小技巧：

在使用投影效果时，切勿满画布多次使用，可以在关键地方加上投影效果，起到画龙点睛的作用。

二、工作检查

我的实际完成结果和理论结果比较，是否存在不足之处？如有，请分析原因。

_____

_____

_____

_____

_____

【知识链接】

1. APP 界面布局设计

APP 界面布局设计是 APP 设计中非常重要的一环，合理地布局 APP 界面会让 APP 界面清晰、美观。

1）APP 界面常用的布局形式

（1）顶部导航：整个应用的导航在界面顶部，用户通过左右滑动来切换不同的导航选项卡，主内容区域是一个动态面板。当用户点击导航菜单或左右滑动时，就会切换主内容区域的动态面板的状态。图 10-109 是一组示例。

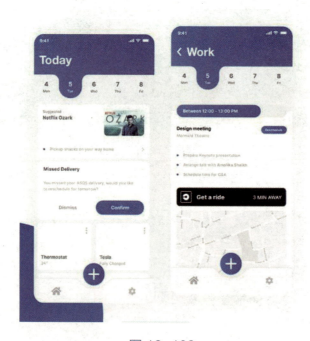

图 10-109

（2）标签式导航：具有多个主要功能划分的应用都采用了这个布局形式，适合有 3～5 个导航菜单，核心功能比较突出，能够以很直观的方式通知用户。图 10-110 是一组示例。

图 10-110

（3）抽屉式导航：抽屉式导航是指将导航菜单隐藏在界面左侧或右侧，用户通过滑动或拖曳的方式，像打开抽屉一样将部分导航菜单"拖出"。这种布局形式适合主内容较多，不希望导航栏占用固定空间的应用程序。图 10-111 是一组示例。

图 10-111

（4）九宫格式布局：九宫格式布局其实不一定是九个格，可以根据需要灵活地调整。九宫格式布局的特点是直观，所有的功能一目了然。

（5）下拉列表式布局：在这种布局形式中，菜单默认是被隐藏的，用户点击后才能滑出，类似抽屉布局，不过一般是上下滑动的。图 10-112 是一组示例。

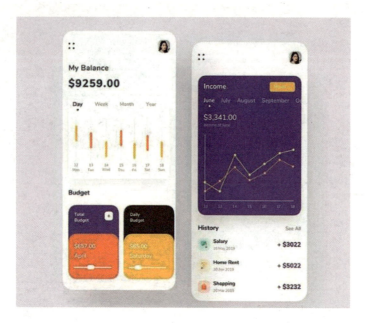

图 10-112

2）APP 界面布局的技巧

（1）公司/组织的图标（LOGO）在所有页面上都处于同一个位置。

（2）用户所需的所有数据内容均按先后顺序合理显示。

（3）所有的重要选项都要在主页显示，重要条目要始终显示在页面的顶端中间位置。

（4）必要的信息要一直显示。

（5）消息、提示、通知等信息应出现在屏幕上用户容易看到的地方。

（6）APP 的导航菜单尽量采用底部导航的方式，菜单数目四五个最佳。

（7）每个 APP 页面长度要适当。

（8）优先使用分页（而非滚屏）。

（9）滚屏不宜太多（最长 4 个整屏）。

（10）需要让用户仔细阅读文字时，应使用滚屏（而非分页）。

2．界面设计的基本技巧

1）使用投影

恰当地运用投影效果可以提升细节美感。在处理投影效果时需要注意两点，在项目十的"温馨提示"中做过说明，这里再举例说明。

（1）使用品牌色：如图 10-113 所示，左侧投影轻量且带有按钮颜色，看着舒服；右侧是黑色投影，显得有些脏，没有突出细节。

（2）注意透明度：如图 10-114 所示的右侧按钮就是投影过重了。

透明度可运用在卡片或关键的功能模块上，可以增加层次感，丰富设计细节。

2）图文叠加

可以使用文字作为背景来增强画面形式感和视觉冲击力。

图 10-113　　　　　　　　　　　　　　　　图 10-114

3）融入圆形

在设计中圆形出现的频次很高，原因是它的亲和力在给人的主观感受上要强于其他图形，因此可以融入圆形去设计，让细节层次更丰富。图 10-115 是一个很好的示例。

图 10-115

4）改变文字粗细

在界面设计中，可以改变文字的粗细来增强对比，提升品质感。图 10-116 是一个很好的示例。

图 10-116

【思政园地】

运动精神

学生：老师，我最近看冬奥会，觉得运动员们都好厉害啊！我也想像他们一样自信。

老师："欲完美之人格，必健康之体魄。"让我们动起来吧！运动会带给我们积极向上的心态。生命在于运动，坚持每天锻炼一小时，比如跑步、打篮球等，相信挥洒的汗水一定是我们快乐的源泉。

学生：老师，我愿意去尝试运动。

老师：自律者得自由，勤奋者获成功。相信你从今天开始运动，坚持下来一定会有意外的收获。

学生：好的，谢谢老师，我一定会坚持运动的。

▶ 课堂练习——APP 图标设计

【技术点拨】先使用"椭圆工具"绘制形状，并应用图层样式，然后分别使用"圆角矩形工具""矩形工具""直线工具""钢笔工具"绘制出租车形状，最后使用"椭圆工具""画笔工具"绘制荷叶，效果如图 10-117 所示。

【效果图所在位置】

扫码观看本案例视频

图 10-117

▶ 课后习题——无线端详情页设计

【技术点拨】先使用"钢笔工具"绘制荷叶等形状，为置入的对象创建剪贴蒙版，再使用"横排文字工具"输入文本，然后使用"矩形工具"绘制矩形，并为对象应用图层样式和滤镜效果，效果如图 10-118 所示。

【效果图所在位置】

扫码观看本案例视频

图 10-118

反侵权盗版声明

电子工业出版社依法对本作品享有专有出版权。任何未经权利人书面许可，复制、销售或通过信息网络传播本作品的行为；歪曲、篡改、剽窃本作品的行为，均违反《中华人民共和国著作权法》，其行为人应承担相应的民事责任和行政责任，构成犯罪的，将被依法追究刑事责任。

为了维护市场秩序，保护权利人的合法权益，我社将依法查处和打击侵权盗版的单位和个人。欢迎社会各界人士积极举报侵权盗版行为，本社将奖励举报有功人员，并保证举报人的信息不被泄露。

举报电话：（010）88254396；（010）88258888

传　　真：（010）88254397

E-mail：　dbqq@phei.com.cn

通信地址：北京市万寿路 173 信箱

　　　　　电子工业出版社总编办公室

邮　　编：100036